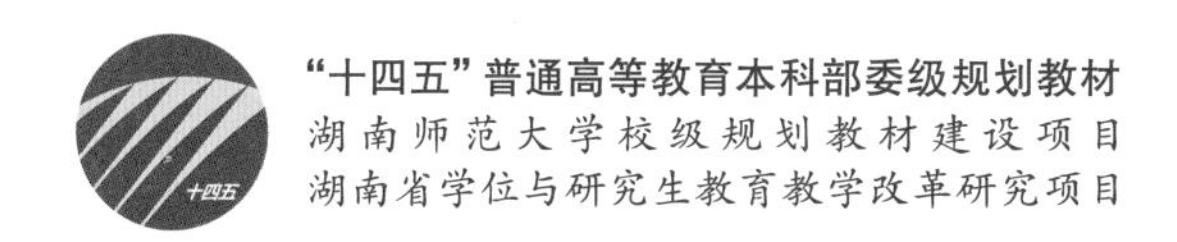
"十四五"普通高等教育本科部委级规划教材
湖南师范大学校级规划教材建设项目
湖南省学位与研究生教育教学改革研究项目

时装设计创作手册

罗仕红◎编著

中国纺织出版社有限公司

DISPLAY

前 言

置身于瞬息万变的移动互联网时代，人们的思维反而更难在海量信息中做到与时俱进，服装设计的学习亦是如此。尽管出现了更多更新的创作理念和方法，但师生试图跨出各自“教”与“学”的舒适区却依旧艰难，任何一方的懈怠，都会使课程趋于简单而又枯燥乏味，从而失去艺术设计课程在挖掘创新和创意过程中所带来的趣味性。如何跳出思维的桎梏，需要对当下的设计本源有新的认知。

第一，设计是一个系统行为。很多人简单地理解为服装设计就是画稿，给出纸面方案，或是做出衣服，就结果来说当如此，然而学习设计，这样的理解显然远远不够。设计是由很多步骤与行为构成的，比如选定主题、创作调研、素材转译、设计表现等诸多流程，只不过方案和成衣是其最终呈现的可见结果。同时，设计过程是一个思维跳跃和流动的动态过程，由概念到具体，由具体到模糊，是一个螺旋上升的过程，设计的最终结果是随过程的推进而显现的，并在动态中完善。

第二，设计创作强调逻辑性，而非随意性。不同于艺术创作具有的强烈主观性，设计首先属于商业范畴，有强烈的目的性，其最终结果要符合现代社会需求和大众使用习惯，这就需要设计师不断学习新知识，使用新材料、新技术、新工艺去更新和拓展设计的内涵与外延。设计实践中学生须持有方案不能想当然的基本态度，设计方案必须遵循某一逻辑且经得起推敲。

第三，设计学习首重过程，其次看结果。设计成功与否虽然是通过设计结果来判断的，但是在学习过程中，更应该先看重过程，其次才是结果，这是因为丰富的设计过程会让人学到新知识，打开新视野，拓展创作边界，提升设计结果的下限。通过在设计流程中对每一个环节深入实践，进行大量的实验和尝试，不仅能够训练学生的空间思维，还能在整个过程中积累素材、获得经验，挖掘出学生的个人潜能，使其释放出最大的创作能量，从而真正地理解和驾驭设计。

第四，构建设计教与学的评判标准也很重要。设计是一个妥协的过程，设计师与客户、艺术性与商业性、创造性与实用性的相互妥协永远伴随着设计。设计教学亦是如此，评判标准不应以教师或学生单向的个人审美为准，而应以设计目标为导向，从而相向而行。课程设计任务评判标准的构建带给教师和学生一个对话的平台，给双方一定的约束，可以为教学带来良性互动，从而引导学生进入一种更高层次的设计境界。

第五，良好的设计自省习惯能够促使自我升华。对服装学习者来说，经常进行系统性的设计反省，是自我成长的绝佳方法和途径。学生在拿出设计提案之前，从选题到产品造型、颜色搭配、图案设计等每一步，都必须问问自己为什么，能够从专业的角度说出其所以然，且对方案有自己坚定自信的解释。当然，面对合理、正确的质疑也要理性对待和接受。通过反思和总结设计任务中碰到的不同问题，举一反三、积少成多、集腋成裘，逐渐形成系统解决问题的个人方法和经验，以“没有最好只有更好”的态度不断去追求和实现自己理想中的设计。

2024 年 1 月

导读与使用

本书注重学习者在服装创作中所记录下来的选题、设计、画稿、实验、裁剪、制作等步骤的构思、实践过程和结果，尤其强调设计者在创作过程中的思考、方法、技能和心得体会。在客观而又详细记录创作过程和结果的同时，更注重学习者在创作过程中自我设问、质疑、反思、总结等设计自省行为，从而帮助学习者培养良好的设计思维，提升解决更难、更复杂问题的能力。

学习阶段强调过程的繁复和深入，目的是锻炼设计思维、逻辑思维和创作能力，收获更多的经验。而商业设计以结果和逻辑为评判标准，不在乎背后的种种投入。二者看似各异，实则互为补充，也互为因果。

因此根据课程作业、商业项目等不同性质的设计任务，使用者可以按照个体创作习惯和设计经验调整、增删手册设定的参考步骤与过程。

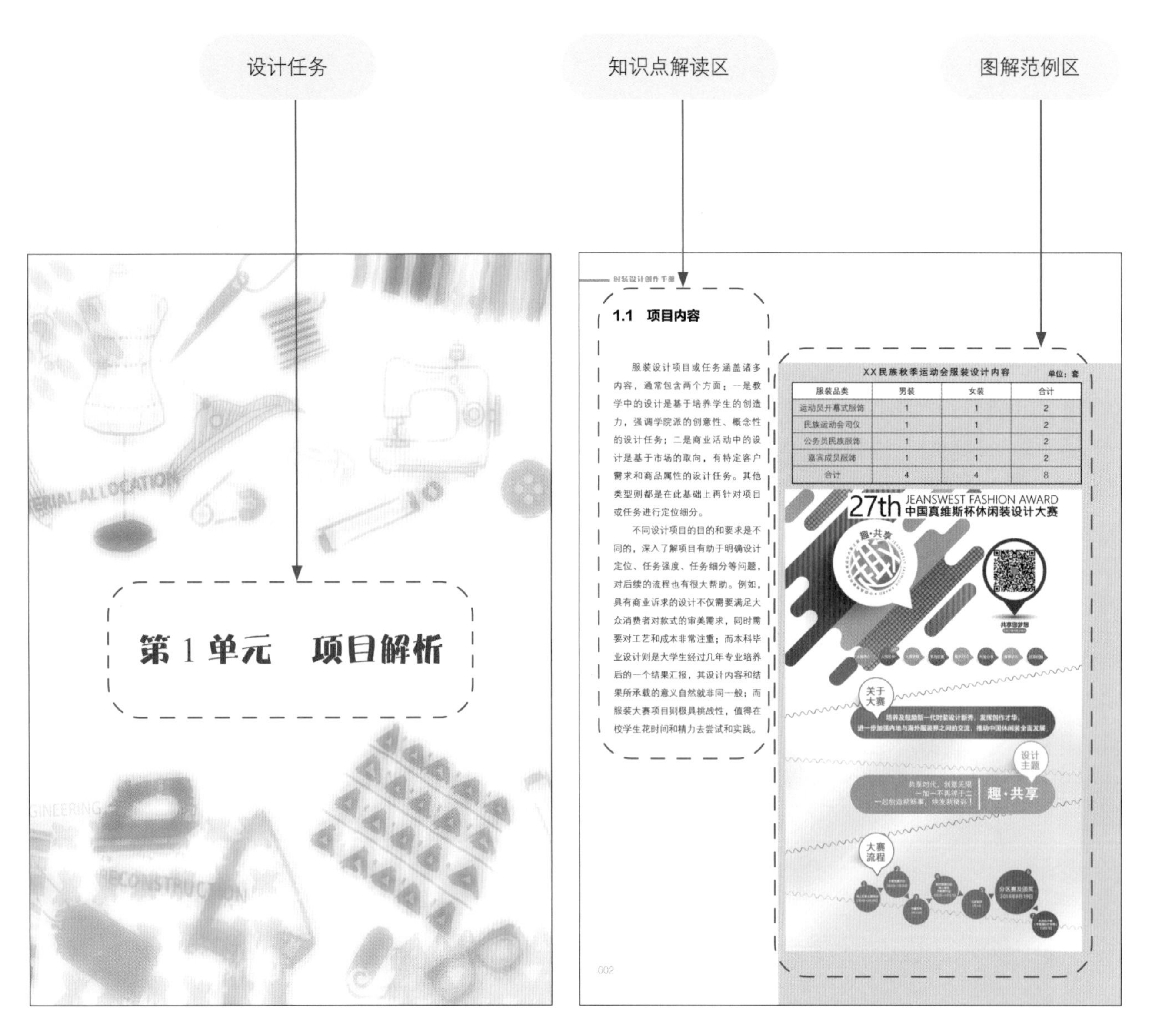

服装品类	男装	女装	合计
运动员开幕式服饰	1	1	2
民族运动会司仪	1	1	2
公务员民族服饰	1	1	2
嘉宾成员服饰	1	1	2
合计	4	4	8

本书的编排基于“交互、开放、无忌”来协助使用者获得更好的设计体验，因此本书兼具笔记、设计、Sketchbook等功能，也期待使用者自己挖掘和探索更多的功能。

设计既要善于自省，也要在实践创作中勇于质疑，在此强烈建议使用者：

创建属于自己独特且具创意的封面、目录，乃至任何一个内页。

删除无谓的步骤，或者撕去不重要的页面，同时粘贴加入任何自己想要的创作页面。借鉴书中提供的设计流程和方法，利用各种软件，如PS、AI、WPS演示、思维导图等来创作和记录整个设计创作过程。

总之，请发挥个人的无限创意，解构和颠覆本书的建议、方法、规则等，创造、设计、装帧带有强烈个人风格的创作手册。

设计实践页：直接在页面上进行贴图、画稿等设计实践活动，将引导文字覆盖

实操引导

第1单元 项目解析

任务一：粘贴项目信息

把项目原始材料，或打印件、复印件粘贴在此，也可以直接图文记录；用彩色笔标注关键信息；写下备注与说明等。

007

时装设计创作手册

任务二：提取关键信息

包括项目背景、目的、要求、定位等，按照自己擅长或喜欢的可视化方式表达。

008

开启

DESIGN CONCEPT

創作

狂欢之旅吧！

目录

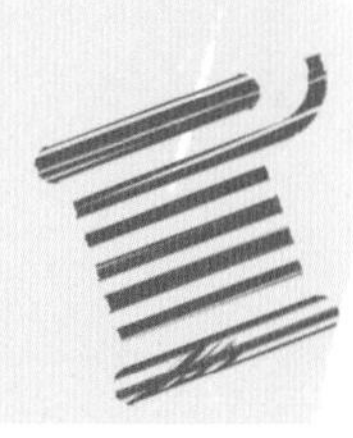

第1单元　项目解析

1.1 项目内容

服装设计项目或任务涵盖诸多内容，通常包含两个方面：一是教学中的设计是基于培养学生的创造力，强调学院派的创意性、概念性的设计任务；二是商业活动中的设计是基于市场的取向，有特定客户需求和商品属性的设计任务。其他类型则都是在此基础上再针对项目或任务进行定位细分。

不同设计项目的目的和要求是不同的，深入了解项目有助于明确设计定位、任务强度、任务细分等问题，对后续的流程也有很大帮助。例如，具有商业诉求的设计不仅需要满足大众消费者对款式的审美需求，同时需要对工艺和成本非常注重；而本科毕业设计则是大学生经过几年专业培养后的一个结果汇报，其设计内容和结果所承载的意义自然就非同一般；而服装大赛项目则极具挑战性，值得在校学生花时间和精力去尝试和实践。

XX民族秋季运动会服装设计内容　　单位：套

服装品类	男装	女装	合计
运动员开幕式服饰	1	1	2
民族运动会司仪	1	1	2
公务员民族服饰	1	1	2
嘉宾成员服饰	1	1	2
合计	4	4	8

奖励办法

1.对获奖者颁发奖金、奖杯、证书。金奖1名：奖金15万元人民币，颁发奖杯、证书；银奖2名：奖金各8万元人民币，颁发奖杯、证书；铜奖3名：奖金各5万元人民币，颁发奖杯、证书；优秀奖10名：奖金各2万元人民币，颁发证书；入围者：颁发证书。

2.获奖作品将在专业报章、杂志及网上发表；决赛现场由相关电视台录播。

3.（a）入围选手的交通费由组委会负责。其中，欧美选手1万元（人民币），亚洲选手5千元（人民币）[注：中国选手3千元（人民币）]；（b）入围选手在虎门参赛期间由组委会资助前往英国曼彻斯特城市大学学习1年，奖学金价值约12万元人民币，名额1名。组委会有权根据留学选派院校的情况，以及金、银、铜奖得主的外语水平，确定名额人选。如有不愿意出国或不具备出国留学要求的，其出国培训缺额按决赛得分高低在中国选手中依次替补。组委会保留最终解释权。

组织机构

主办单位

中国纺织信息中心
中国国际贸易促进委员会纺织行业分会
中国服装协会
中国服装设计师协会
广东省服装服饰行业协会
广东省服装设计师协会
广东省东莞市虎门镇人民政府

承办单位

广东服装研究设计中心有限公司
东莞市虎门服装服饰行业协会
东莞市虎门服装设计师协会

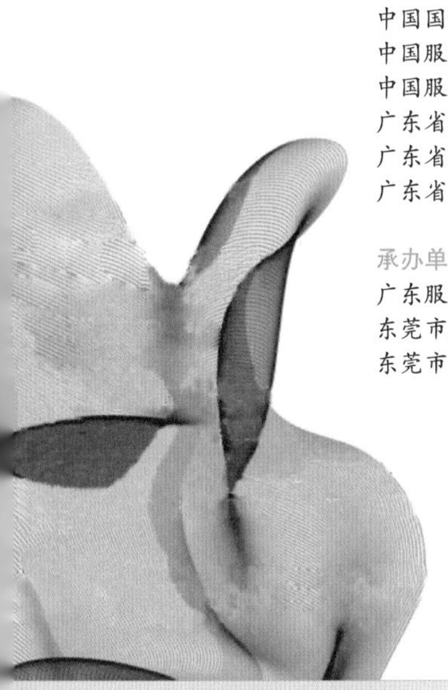

征稿启事
Wanted Design Works

1.2 关键信息

仔细研读项目信息，通过关键词、关键句等分析并概括项目背景、设计目的、项目定位等重点和关键部分，按照自己擅长或喜欢的方式进行设计表达。

项目背景包括项目委托方基本情况，或是课程教学要求，或是比赛导向等信息。还有一些不起眼，却很重要的信息，如设计比赛的参赛者是否可以合作，年龄和职业是否有限定等。明确项目的定位也非常重要，其对后期调研和设计的方向起到指引作用。服装设计比赛，如“汉帛奖”“新人奖”等可以划分到创意类型；而“真维斯休闲装”“圣得西男装比赛”等则偏向成衣类型。类型划分需要根据比赛自身定位和给出的信息做具体判断，因为同一比赛的定位也会根据不同因素适时调整，一定不能陷入先入为主的思维定式。

总之，从纷繁复杂的信息中提取项目的重点和关键部分，不仅可以集中设计者的精力和时间，更有利于对项目的整体认知。

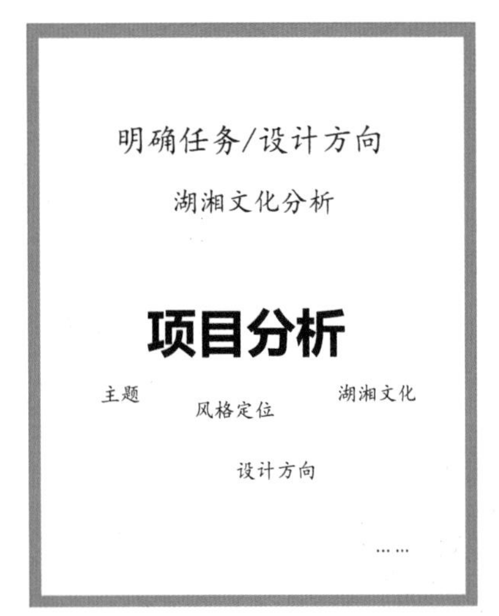

新馆用融合的方法处理新旧建筑的关系

集简练、稳重、统一于一体

对称布局

次序感极强

新馆设计草图手稿

湖南省博物馆

鼎盛洞庭杯 馆服设计大赛招募令

报名及投稿时间：2016年10月18日~11月18日

参赛对象：全国各大服装设计企业、工作室、个人和各大服装设计院校师生等

设计要求：参赛作品要体现湖湘文化元素，融合商务、艺术和实用的特点

主办单位：湖南省博物馆

· 项目解析与学习

大赛海报

项目方向：传承匠心·第二届中国华服设计大赛

大赛主题：传承匠心·新兴华服

大赛介绍：古今融汇，千年华服绽放时尚魅力

匠心回归，中国设计彰显民族情怀……

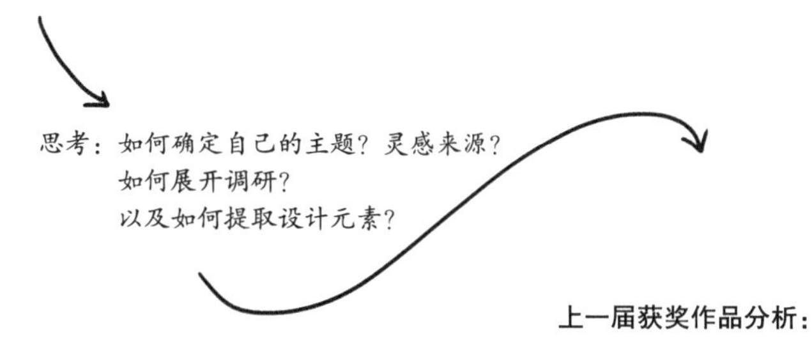

思考：如何确定自己的主题？灵感来源？
如何展开调研？
以及如何提取设计元素？

上一届获奖作品分析：

- 主题
- 设计元素
- 色彩
- 面料
- 工艺

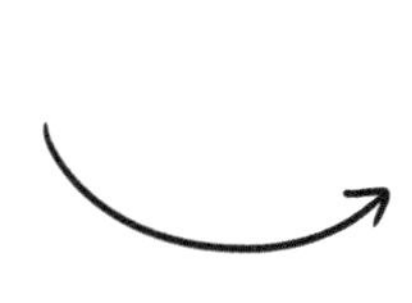

金，最佳创意	《山河印象》	简洁干练、白山黑水；错位印花、手推绣、贴补绣
银	《逍遥行》	庄子《逍遥游》；皮革再造、手工刺绣
银	《[illegible]》	鱼、柿子、蝴蝶；印花、毛巾绣、毛线绣、针织拼接；天然棉麻毛丝
铜	《忆·空》	中国红、米白、真丝缎与羊毛呢；印花、绣花、热熔胶工艺
铜	《汉方》	针灸、穴位脉络尺、书包
铜	《[illegible]》	"凤冠霞帔"；手工刺绣、液体硅胶、3D打印
文化传承	《纸鸢赋》	风筝、竹编、绘画；立体刺绣、刺绣、印花、[illegible]
媒体关注	《敦煌·觉》	大漠色系
优秀设计奖	《[illegible]力》	牡丹、蝴蝶、中国红、水墨笔触
	《斑驳》	破坏的斑驳肌理；针织、粗麻帆布面料、3D打印

《[illegible]望》 《[illegible]花园》《童年的记忆》
《[illegible]》 茶文化
《华梦·美衣裳》 民族服饰、民俗文化
《绝句—Agon[illegible]》 [illegible]

金奖/最佳创意奖案例：

主题名称：《山河印象》

设计阐述：印象中充满了简洁干练洒脱的白山黑水，在辽阔的黑土地上纵横驰骋，构筑了灵秀雄奇、巍峨绮丽却又质朴真实的自然景观，以山川河流化为抽象装饰元素为创作灵感，通过厚薄面料错位印花复合，手推绣、贴补绣等工艺来塑造服装的廓型及装饰细节，让我游走于中国五千年山河文化之中。

分析：

设计定位：高级成衣
主题名称：《山河印象》
氛围情绪：简洁干练、灵秀雄奇、巍峨绮丽、质朴真实
调研关键词：山河文化
设计元素：白山黑水、山川河流
造型：H型
色彩：黑、白、灰
工艺：手推绣、贴补绣

1.3 流程与进度

设计是一个系统工程，绝非简单地画图稿或做衣服。拟定合适的流程和进度，结合个人的专业知识和实践技能，才能更好地进行设计思考，输出更具创意的方案，以及落地实施。

服装设计项目通常有相对固定的流程，但是具体实施时，每个学习者对于设计都有自己的理解和创作方法。所以在具体操作时需要结合个人经验，把握好流程，将每个流程的任务进行细分和量化，同时规划好时间，这样做非常有利于项目的顺利推进。因此拟定流程、制订计划，对于任务量和强度较大的项目来说非常有必要。另外，根据个人喜好，将提取的关键信息采用不同可视化的形式呈现会更为直观。

服装设计创作，尤其是方案落地实施时的产品制作，过程中的每一个步骤不会都那么顺利，花费的时间也有可能超出预期，所以在规划任务进度时要注意预留出机动时间，并在实践操作过程中尽可能加快任务进度，培养良好的设计习惯。

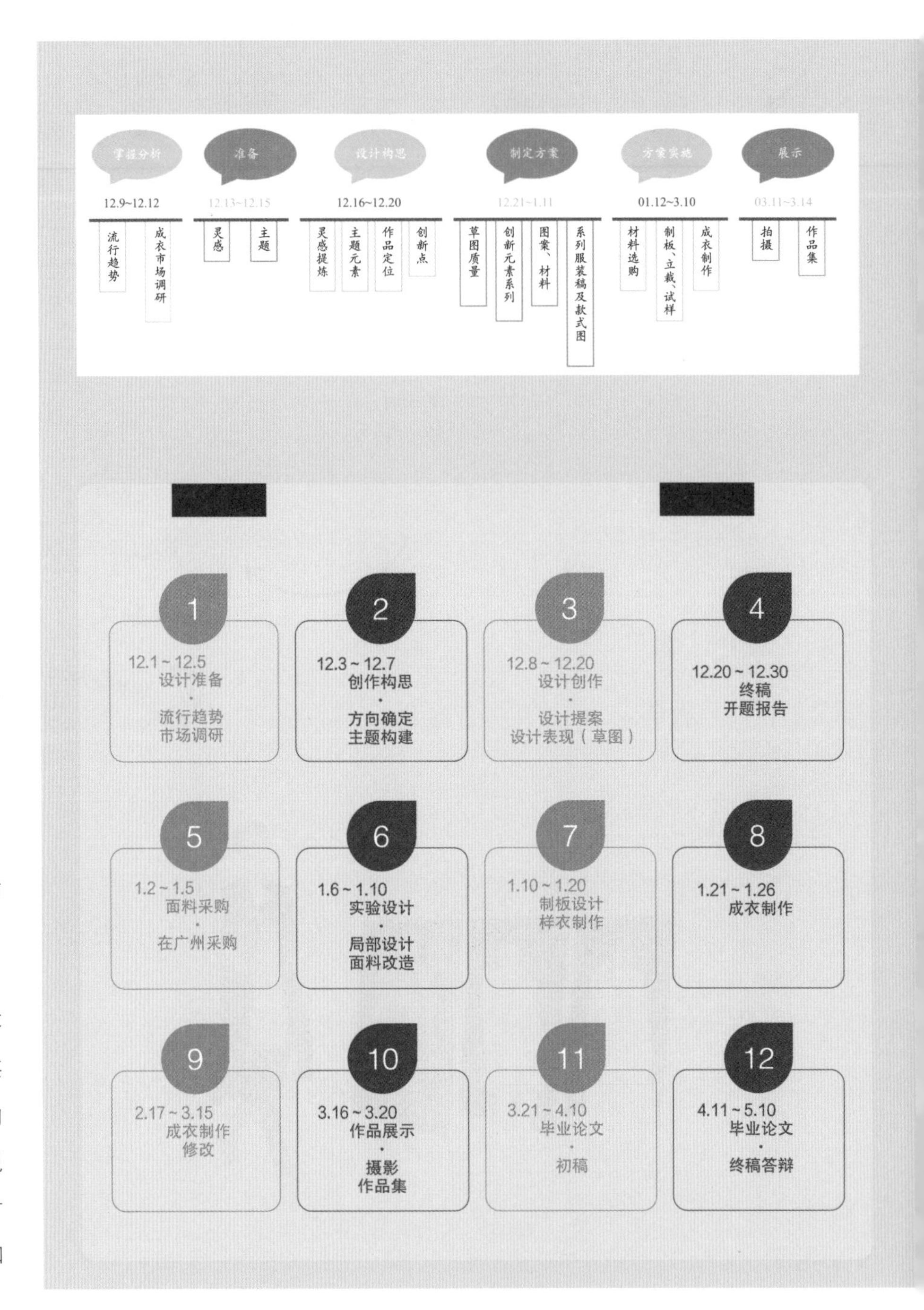

项目解析实践

设计是什么？什么是好的设计？好的设计的评判标准是什么？只有清晰明了地回答这几个问题之后才能去真正展开设计创作，得到真正属于自己的设计结果。

任务一：粘贴项目信息

把项目原始材料，或打印件、复印件粘贴在此，也可以直接图文记录；用彩色笔标注关键信息；写下备注与说明等。

任务二：提取关键信息

包括项目背景、目的、要求、定位等，按照自己擅长或喜欢的可视化方式表达。

任务三：拟定项目流程与进度

根据任务量和时间列出进度表。注意把进度尽量提前，预留出一定的机动时间，以应对创作过程中的意外情况。

项目解析实践自省

对此阶段任务的实践过程进行复盘，把过程中的所思、所惑、所得等记录于此，让学习心得和体会转化为自己的设计经验。

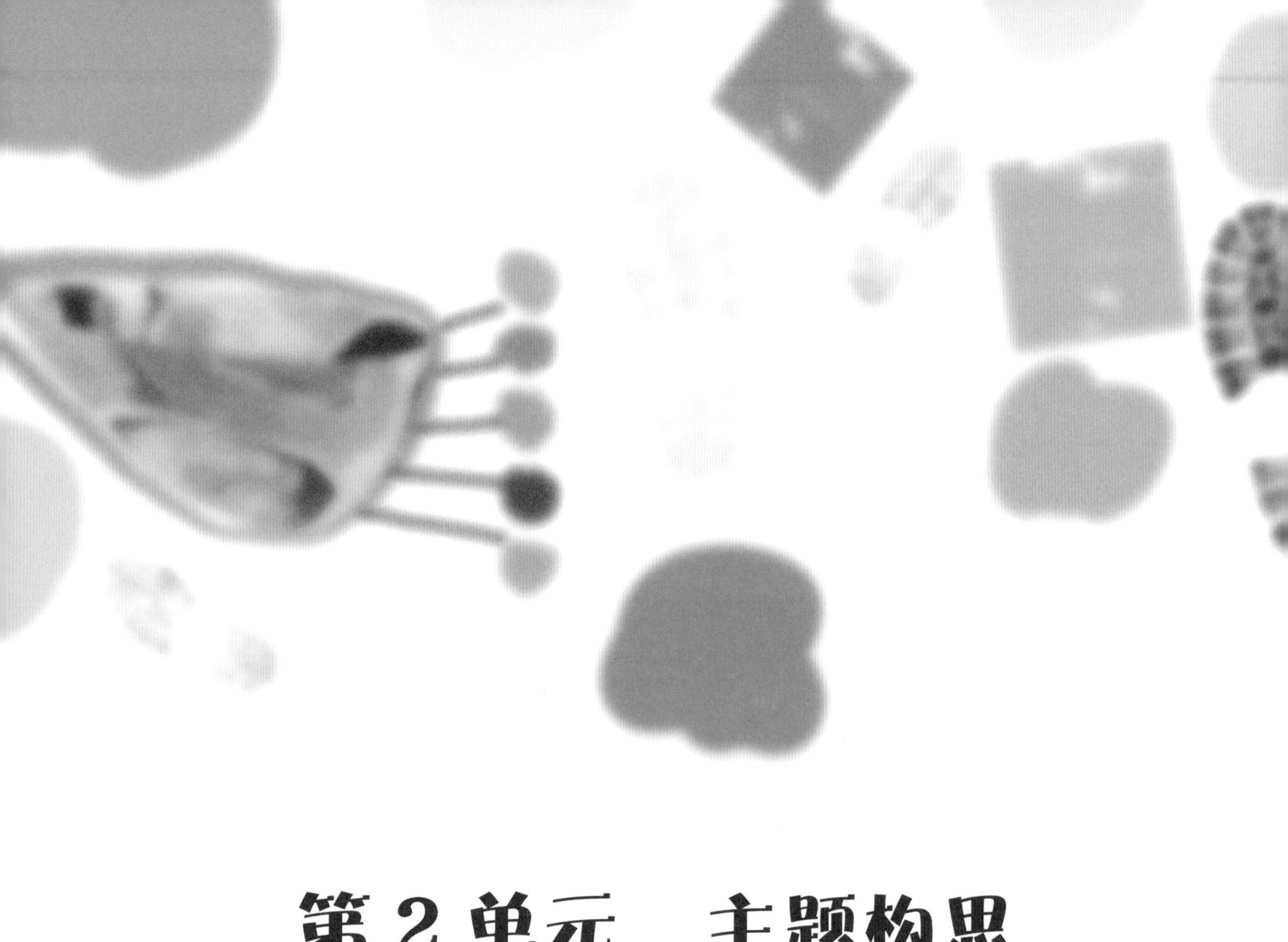

第 2 单元　主题构思

2.1 选题切入

主题是设计思维的集中化和具体化表现，它主导、渗透、贯穿于服装设计全过程，体现了设计师的创作意图，是设计概念的集中表达，即表达的内容可通过服装语言得到明确呈现。

主题可以是抽象的，也可以是具象的。在设计最初阶段，选题切入点也许是理想化的、模糊的、虚无的，但只要通过创意思考和思维转换，把各类型的信息转译为材料、造型、饰品等服装语言，设计就会逐渐清晰可视化。商业设计也好，服装大赛也好，一般都会给出设计的大方向或大主题，设计者在做选题切入和表达设计概念时，一般需要在大方向或大主题下进行挖掘和寻找，才能更精准深入。

选题往往和灵感来源产生联系，但不是设计过程中的灵感都会和主题概念产生联系。刚开始不要限制自己的思维，不要给自己定下太多的条条框框和要求，甚至过于追求完美。可以先追求有无，再追求优秀，这样不至于一开始就由于要求太高而不能顺利推进。

了解社会热点（创作背景调研）

- 共享经济
- 一带一路
- 嘻哈文化
- 亲子教育
- 环境问题
- 中国制造和中国创造

……

个人见解：艺术创作可以折射出社会现实或者表达理想世界，其根本还是为人服务，因此主题最好能诠释社会热点。

主题构思

mind

喜欢	讨厌	情绪	风格
食物	作业	☺ 开心	简约
影片	无助	伤心	☺ 复古
游戏	空虚	愤怒	前卫
☺ 简单	复杂	恐惧	☺ 嘻哈
安稳	动荡	焦虑	中性
☺ 童年	成年	激动	混搭
☺ 有趣	无趣	压抑	民族

我 want ☺

主题诠释

确定主题

样 · Young

主题诠释

长大后，经过成年世界的洗礼，童年时光显得尤为珍贵，无拘无束的自由，天真烂漫的趣事，纯真无邪的欢乐模样……

Young，年轻，即年轻时的模样，孩童时代的记忆，自己有趣快乐无忧的真实模样。

主题发散思维

忧伤与幻灭

反战的哀怨

渴望和平

早日回家

葡萄美酒夜光杯
欲饮琵琶马上催

战乱

醉卧沙场君莫笑
古来征战几人回

边塞、军中酒

盼归

西域

凉州词

思乡

葡萄酒

边塞风光

军旅生活

战前痛饮

豪放旷达

2.2 内涵拓展

设计主题从概念性、叙事性、设计师理念等维度来体现和深入表达主题的内涵，意图打动人心，和观众、消费者产生共鸣，吸引其注意力。

概念性存在于生活和社会的各个领域，表现在对当下热点和现象、新老艺术风格、装饰方式以及对未来人文前瞻性的探索当中。当然，概念性也可以视为设计者为追求自我表达所赋予的内涵。

设计的叙事性直白地说就是好的设计包含着好的故事，通过“故事”引导观者体验产品。没有故事的作品不能深入人心。主题是由大量信息片段组织而成的逻辑体，优秀的设计者会根据项目或课题的要求和特点，有针对性地组织内容和设计作品。没有“故事”的作品反映的是一个对自身缺乏了解，对自身的行为和发展方向没有控制力且缺乏主见的不成熟的设计师。故事的来源可以是通过调研产生的灵感或设计元素、设计者本人、品牌、消费者等。

设计师个人理念的注入也很重要。设计师在作品构思过程中所确立的主导思想，赋予了作品文化内涵和独特风格。理念不仅是设计的精髓所在，而且能令作品更加个性化、专业化。设计师个人理念的形成需要经过更多设计经验的积累和历练，而非一朝一夕之功。

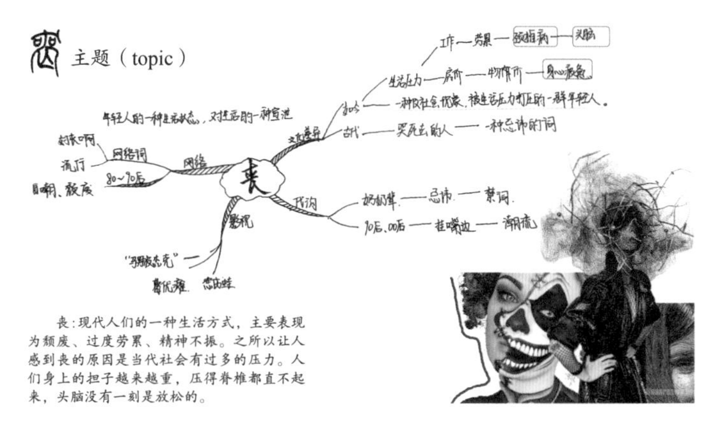

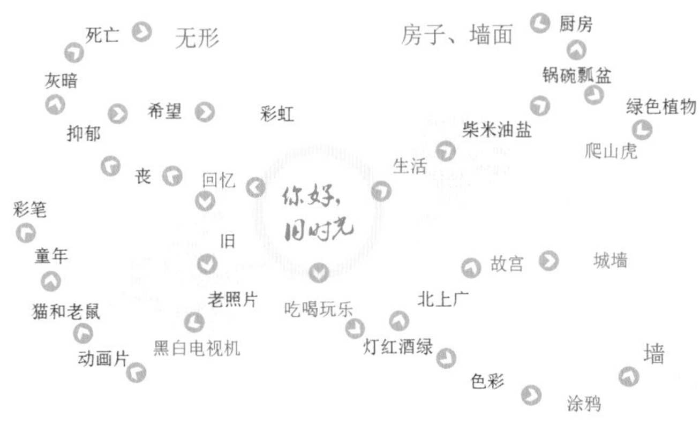

主题诠释

“拆文化”意为将原本简陋、稍有破旧感的家，变为全新的、现代的、便利的“家”。但绝不能抛弃老文化，而一味追求新。

选题背景

随着社会的发展和时代的变迁，房屋建筑的结构与外观也在发生着翻天覆地的变化，所用的建筑素材变得越来越多样化。从古时候建筑讲究的左右对称之美，到现如今建筑所注重的结构造型之美，他们通过运用不同的建筑元素对建筑的结构造型进行不同的设计，从而让建筑变得更加多元。因此，我以此为设计的构思起点，以建筑元素以及建筑结构所呈现的视觉效果作为灵感来源，这是我的毕业设计选题的由来。

（1）建筑艺术中的元素思考

建筑元素主要包括墙体、柱子、房间、顶棚与天窗、穹顶、门窗、烟囱、楼顶以及屋顶等构成建筑整体的一些可塑性的构件。

（2） 建筑元素在服装设计中的应用

不管是以前还是现在，设计师们往往喜欢从建筑中学习设计的技巧，将立体的建筑穿着在人的身上，全方位地展现出这一时期的社会风貌。

在浏览了一些设计师将建筑元素运用在服装上的设计之后，发现他们的方式不尽相同，有的通过建筑的内在结构进行服装上的装饰，有的通过借鉴建筑错落有致的造型让服装变得冷酷而立体。

2.3　主题情绪板

主题情绪板用来整合关于主题调研信息的构思结果，通过大量调研，选择接近主题的概念内涵和具有鲜明的符号化的素材，运用拼贴等创造性的手段，加入适当的文本，最后整合在一个画面上，作为整个项目设计的指导方向，也是后期设计的关键评判标准。

除了引导设计方向，情绪板的另一项功能是为设计者在创作过程中带来可视化的沉浸体验，因此情绪板的内容构成主要以图像素材为主，包括期刊、明信片、面料小样、打印输出的电子档图片等。同时，也建议适当加入情绪氛围或作品预期效果的关键词，这样能够从抽象概念和可视化画面中双重强化主题，以及要表达的内涵意义。

通常情绪板的素材内容不会一次性就能够完善，需要反复斟酌和调整。如果主题情绪板的素材还有所欠缺，可以继续调研，收集主题关联信息，在深入挖掘主题表达内涵和内容的同时继续丰富情绪板的拼贴素材。

情绪板、故事板、灵感板等具有不同称谓，在功能、内容及素材组织上各有分工，但是最终目的差不多，都是为后期设计的展开定下创作内核和基调，以避免后期在设计方向上跑偏。

· 主题情绪板

车水马龙的庙会，
琳琅满目的玩意，
快速流通的钱币，
人潮拥挤的交通，
无一不是在诉说着“熙来攘往”，
拥挤、跳跃、热闹、质朴，
而又充满着“中国味儿”

熙来攘往　清·李宝嘉《官场现形记》：“只见这弄堂里面，熙来攘往，毂击肩摩，那出进的轿子，更觉络绎不绝。”形容人来人往，非常热闹拥挤。

拥挤　跳跃　热闹　朴质

主题构思实践

主题是设计思维的具体化和设计概念的集中化，它渗透、贯穿于服装设计的全过程，体现了设计师的目的和意图，所有的服装语言表达和设计行为都需要围绕主题，在其逻辑范围内行走。

任务一：主题初步构思

列出不少于 10 个主题方向或灵感点，直接手写或利用 Xmind、Mindmaster 等思维导图软件呈现，包括但不限于下列方法：

自由联想法、头脑风暴法，或者从一部电影、一幅艺术作品、一首歌曲、一部小说等出发，开始构思主题。

如果有了非常明确的方向和想要表达的内容，且具有一定的深度和内涵，可以直接进入“任务三：主题概念拓展”。

任务二：主题筛选与确定

初步确定 2~3 个方向，并最终确定一个。如果自己不能确定，可以通过团队互助讨论、与老师沟通交流，或者继续调研。

筛选标准：社会热点、共情共鸣、个人擅长或兴趣点等。

任务三：主题概念拓展

好的主题通常兼具社会性、历史性、文化性、艺术性等多重属性，是若干概念的集合。主题概念既要避免过于宽泛，也要避免过于狭隘，且一个充满想象力、创意性很强的主题还需要设计者的充分投入。

任务四：主题情绪板

主题情绪板的拼贴内容包括但不限于主题名称、图像、关键词，以及主题表达内容的简短阐述等。

谨记：主题情绪板表达整个设计项目的氛围，是设计过程中主要任务的判断标准。因此挑选的素材图像要求极具代表性，以此呼应主题概念，同时配合适当的文字，营造创作的视觉化氛围。

主题情绪板一般不会一次确定。随着调研、构思的深入，主题名称、符号性的拼贴素材、情绪氛围的关键词等都会有所调整，直至达到较为理想的状态。

主题构思实践自省

对此阶段任务的实践过程进行复盘，把过程中的所思、所惑、所得等记录于此，让学习心得和体会转化为自己的设计经验。

第 3 单元　设计调研

3.1　灵感与调研

设计大多数时间都在做抉择，切入角度越多，调研就越丰富；获取的信息越多，主题选择和创作就越有广度和深度，最终的设计结果也会越精彩。调研是包含服装设计在内的所有艺术设计的创作基础，是推动设计项目发展的驱动性要素，是一个持续发展和发现设计本质的过程。

作为服装设计中必不可少的组成部分，调查研究收集到的资讯和创作的灵感素材可以用来进行创造性灵感开发活动，这是创意理念的初期预备活动，同时继续围绕设计主题，在设计活动过程中持续进行调研，直到设计项目结束。调研是为了设计创作的主动行为，同时也是在设计过程中随时为解决问题而出现的被动行为，调研是帮助设计师获得解决问题所需要的不同层面信息的必要手段，目的与结果是获取设计决策的信息和素材。

不少人在设计过程中出现问题而停滞不前时，往往会把问题归咎于缺乏灵感。事实上灵感是帮助解决问题的起点，可能是在日常思考的积淀，或是在针对性调研的基础之上才会出现。所以说灵感是建立在充分设计调研、深度设计思考的基础上自然而然得到的结果，它不会凭空出现。

“日有所思，夜有所梦”，灵感从不凭空出现，它是建立在一定的思考和认识上，可能是设计师个人过去的生活经历和设计积累，更多地可能是通过在设计调研过程中产生的思考，以及分析调研素材而得到的。灵感是任性的，总是悄悄地来、悄悄地走，所以在收集、积累素材时需要养成思考、分析和记录的习惯，这样在需要的时候出现所谓的灵感的概率更大。灵感就是黑暗里的一盏灯，点亮前行的路。在没有思路的时候更应该广泛地调研，研读素材和进行思考。

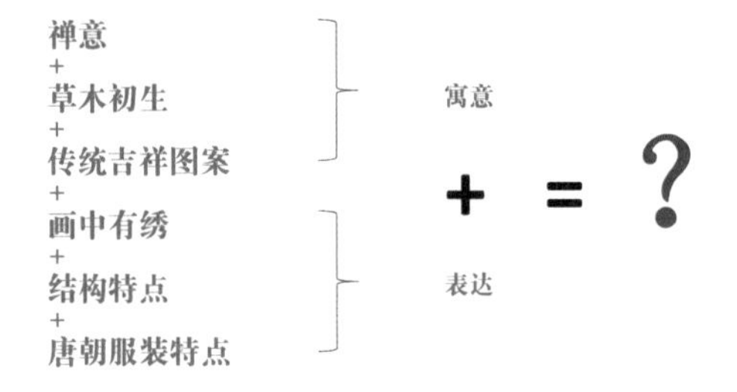

元素研究——2018/2019秋冬高级成衣系列主题下的元素提取
Element research - element extraction under the theme of 2018/2019 autumn/winter haute couture series

我的设计元素主要围绕近期网络上比较火的“肥宅快乐水”——可乐。以快餐元素为辅展开设计。

一直以来可乐都作为“潮”的标志出现在人群中，佛系生活、安心发胖、做个快乐肥宅逐渐成为年轻人特有的想法。这次的设计我想要营造出一种热情、有趣、自由活泼的氛围，来表现当代年轻人最放松的心情状态，表达“潮”的生活向往。

元素研究——2018/2019秋冬高级成衣系列主题下的元素提取
Element research - element extraction under the theme of 2018/2019 autumn/winter haute couture series

我的灵感来源于“以胖为美”的概念，主张在当今社会，胖也有其独特的韵味。为找寻发胖的原因，我线下调研了麦当劳、肯德基等快餐店里的食物、人群，甚至装修风格，也调研了街边便利店里的吃吃喝喝，发现一些零食成为年轻人生活中必不可少的部分，例如薯条、冰激凌、膨化食品等。

从中我找出了被称为“肥宅快乐水”的可乐作为设计切入点进行联想发散，开展此次设计，希望用“Cola”表达出年轻人对生活特有的一种态度。

3.2 调研内容

调研的内容首先要围绕主题进行思维拓展，强调逻辑性，针对主题衍生的多线叙事性内容展开调研。在此阶段特别强调先针对调研内容提取关键词，再展开调研。这样能够保证调研得到的信息和素材不会偏离主题，后期的素材转化和设计结果等创作过程也能形成非常清晰的逻辑闭环，在进行设计陈述和说明时就不至于模棱两可，似是而非。

需要注意的是从调研内容的属性来说，除图像外，文字、声音、影像，以及实物也都是我们设计所需要的创作素材。很多学习服装设计的同学容易走入一个误区，即过于注重图像素材，而忽略其他形式的素材。事实上一个设计项目的成功，需要在主题上有一定的广度和深度。如果调研只注重图像素材的收集，看到的往往过于表面，或者说感受到的更多是结果，而非内涵和构思痕迹。只有同时通过图像、文本、声音、影像，以及实物等素材的研究分析才能够让主题更具深度和广度。

此外，服装设计自带时尚产业属性，时尚的变化趋势是年复一年，季复一季，设计师在进行服装设计时考虑时尚趋势是必要的，因此关于服装品牌、产品、设计师以及流行趋势等内容调研也是必不可少的环节。具体操作时则要根据设计项目的实际情况决定各调研内容所占的比重和时间。

很多时候，因为时间不足和实践所需条件的缺乏，课堂教学获取的知识与技能不足以让服装设计学习者完成一个完整的项目设计，因此从学习角度来说，调研除了用于搜集设计所需的原创素材，同时也用于借鉴、分析和研究优秀案例和学习素材，例如一个比赛主题的确定、效果图风格的确定、服装成品的时尚拍摄、作品集的排版等。通过对优秀案例与学习素材的分析、研究和学习，学生能够逐步跨越模仿和借鉴，最终走向原创的道路。

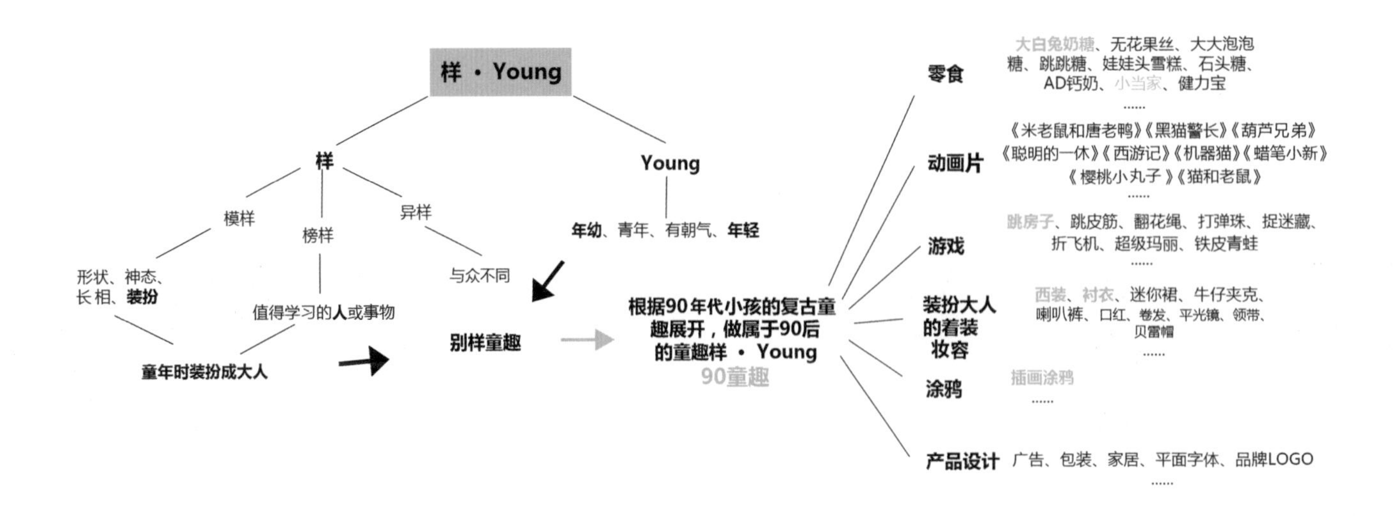

3.3　调研渠道

在做项目调研时需要考虑从何处能获得与设计相关的信息。对传统的调研渠道来说，纸媒是首选。在期刊、报纸和图书中能够发现各种各样的有效信息。而图书馆是可以提供丰富资讯和资源的纸媒集中营，大多数图书馆都有众多学术期刊、报纸和图书等资源，并存有多年前的印刷品。此外，图书馆还拥有最新的期刊及数据库，以及其他存储形式的信息数据等。

互联网是一个出色的信息获取媒介，在网络的帮助下，任何项目的主题都能被快速找到。在互联网上搜索任何一个主题或关键词，瞬间就能出现很多相关联的网站和信息。但如果涉及准确性和真实性，则需要在选择信息源时小心谨慎，并不是所有信息都真实可靠且值得信赖，有些文献素材还涉及知识产权方面的问题。

然而一个硬币有两面，过度依赖互联网获取信息和素材是对设计调研的严重误解。除了信息的真实性，另外要注意的一点是，通过其他渠道收集的资料和信息都属于二手素材，如果仅依靠这些二手的资讯来完成项目，那么设计的原创性就很有可能大打折扣。从专业角度来讲，获取灵感可以借助互联网、图书馆的杂志书籍或数据库，但更重要的是可以通过个人体验的方式，深入我们的生活环境和社会环境，去见识和感受日常生活中的人文、景观、气候、动植物等，另辟蹊径，获取属于自己的人生体验，使用亲身感触和创作的一手设计素材，才能使设计充分表达出个人的思想与理念。

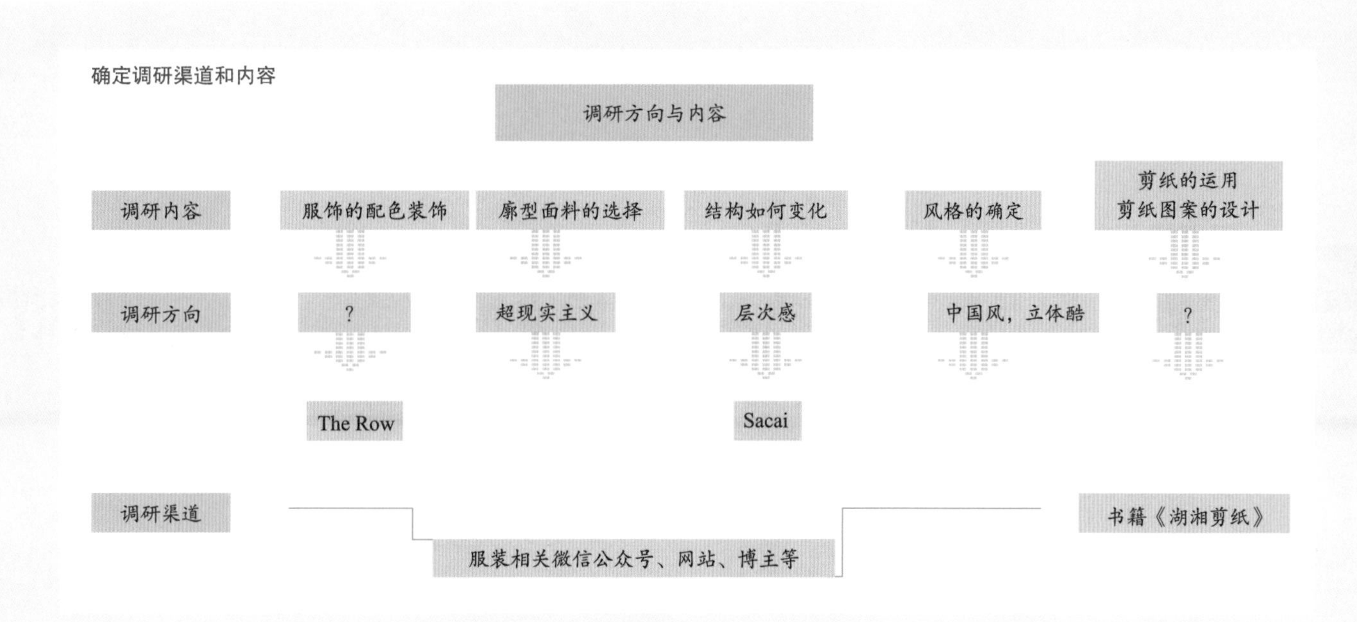

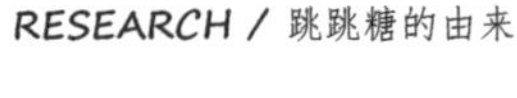

RESEARCH / 跳跳糖的由来

POPPING CANDY

跳跳糖

1956年，通用食品公司的化学研究员William A. Mitchell取得跳跳糖的专利，1975年跳跳糖上市。1985年，卡夫食品买下了跳跳糖的制造权并将其重新命名为Action Candy。

而在西班牙巴塞罗那也有一家公司Zeta Espacial S.A从1979年起制造、销售、出口跳跳糖，该公司的产品名为Fizz Wiz。1985年，卡夫食品将跳跳糖的制造设备、技术以及亚洲区销售权卖给韩国的Jeong Woo Confectionery公司。

RESEARCH / 跳跳糖的发展历程

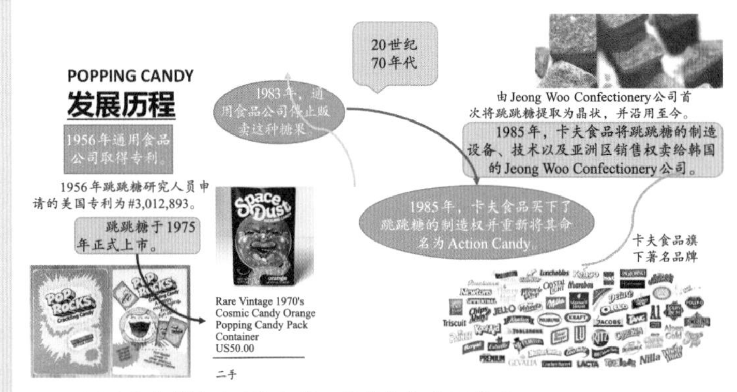

1970年生产的跳跳糖包装，目前售价为50美元。

RESEARCH/20世纪70年代美国/迪斯科

POPPING CANDY
DISCO

迪斯科是20世纪70年代初兴起的一种流行舞曲，电音曲风之一。音乐比较简单，具有强劲的节拍和强烈的动感。60年代中期，迪斯科传入美国，于70年代中期以后风靡世界。

RESEARCH / 20世纪70年代欧美服饰

RESEARCH / 20世纪70年代欧美服饰

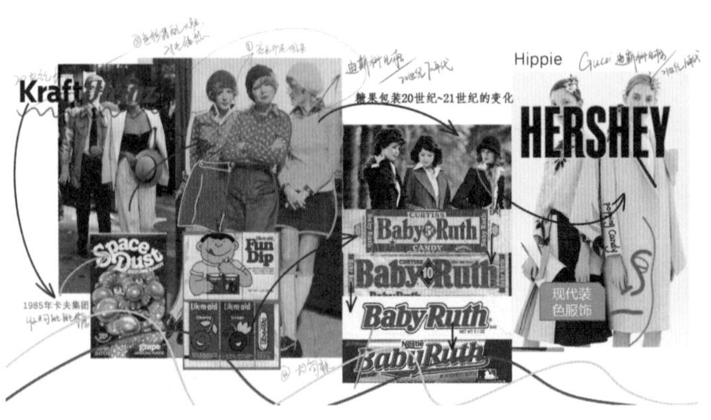

RESEARCH / 设计实验记录

POPPING CANDY

跳跳糖系列第一次实验 / 怪味糖

花椒味 /Pepper Flabor
水果味 /Fruit Flavour
蛋糕味 / Cake Flabor
……

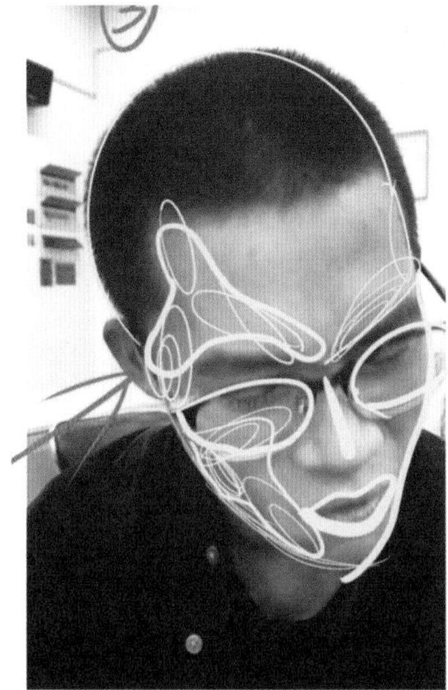

RESEARCH / 设计实验记录

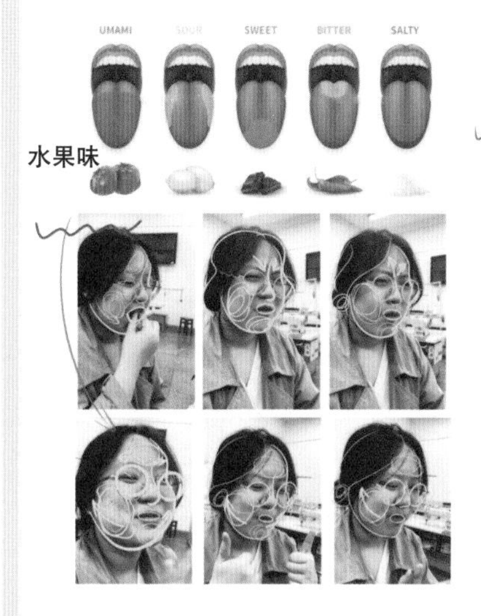

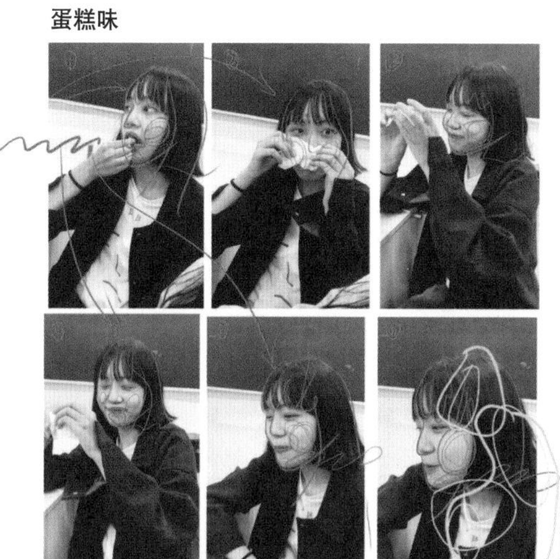

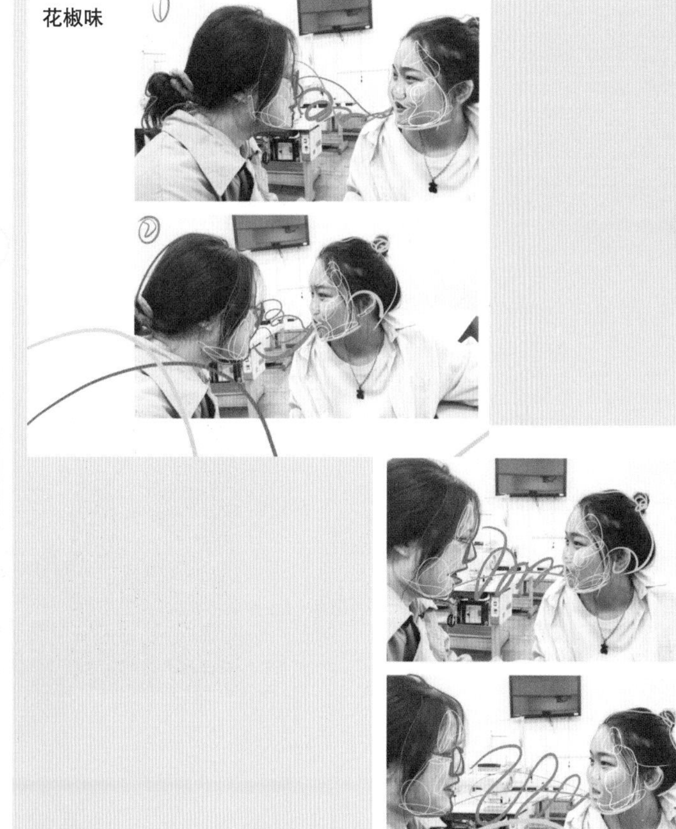

调研分析 —— PEACEBIRD MEN 2018春夏

炼金术/塔罗牌

2018斯文系列中的图案设计充满了中世纪神秘主义与宗教意味，同时融入了代表着科学的飞碟与天体星球，在矛盾冲突的图案意向中，探寻（科学和宗教）的真实意味。

色彩：红、蓝、黑、白
面料：棉、腈纶、牛仔
款式：以牛仔服、风衣、卫衣、夹克为主

PEACEBIRD MEN 工艺特点

胶印刺绣组合

撞色字母刺绣

撞色拼接

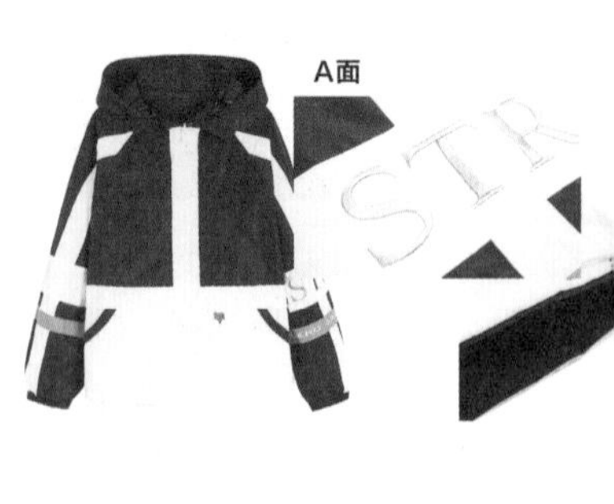

松紧抽绳

调研结果

品牌	颜色	面料	元素	款式	廓型	品牌定位
PEACEBIRD	由于今年太平鸟采用一种突破的态度，今年的秀场款以较为浓艳的红、蓝、黑、白作为主色调	棉、腈纶、牛仔	与可口可乐（Coca-Cola）合作，具有20世纪80年代复古风格，添加可口可乐的胶印印花纹样，复古拼接撞色	以牛仔、风衣、卫衣夹克、工装连体裤为主打，突破往年风格	相对宽松	年龄层次：23~29岁，售价区间：99~5999元
JACK & JONES	大胆运用流行紫、可爱粉	太空棉、纯棉、聚酯纤维、皮革	整面热复合印花、大量热烫胶印花、破洞、刺绣贴布，整体风格略偏运动，部分系列采用复古运动风	以运动夹克为主，还有休闲运动基本款	相对宽松	年龄层次：20~27岁，售价区间：100~2999元
g x g	主要是黑、白、灰色，点缀红、蓝、绿、粉	牛仔、棉、聚酯纤维、锦纶	基本的热熔胶印花，印花极具趣味性，同时还沿用飘带	牛仔夹克、卫衣等基本款	相对修身	年龄层次：22~28岁，售价区间：120~2998元
d & x	主要是黑、白色，红色是点缀	棉、聚酯纤维、网纱	字体印花、迷彩印花、剪边设计	卫衣、牛仔、无袖背心、螺纹休闲裤	相对宽松	年龄层次：18~40岁，售价区间：89~2149元
STAFFONLY	主题是：catch more fish，所以色彩是相对活跃的有彩色系	钓鱼装等工装类的面料，聚酯纤维用得比较多	钓鱼装，所以很多钓鱼帽、章鱼帽、运动腰包，并且还有钓鱼休息用的U形枕，以及当季流行的鸭舌帽	创意款居多，多以钓鱼功能为主，并在外形设计上以鱼的象形进行发散	相对宽松	年龄层次：18~35岁，售价区间：1500~8000元

3.4 创作灵感板

灵感板的拼贴制作是设计调研阶段完成后必做的基础工作，展现的是创作灵感来源和精华素材，很多的创意构思都由灵感板启发而来。灵感板是以主题展开深入调研后进行的基础创作，需要整合各种信息，把调研素材做精选之后进行视觉化呈现。商业设计中非常重视灵感板的制作，因为灵感板为系列服装设计提供了明确的方向。好的灵感板能够在设计过程中源源不断地为设计者提供创造性的灵感和思路，使其沉浸在美妙的创作氛围中。

服饰艺术设计的表达与呈现方式越来越多，包括不限于手绘、摄影、拼贴、综合材料运用、装置艺术等。其中，拼贴能使灵感来源得到迅速呈现，因此灵感板的制作通常离不开拼贴这一表现形式。拼贴是对一手素材和二手素材打散、重组后进行的再创作。这些素材本身囊括了很多信息，具有鲜明的叙事性。在拼贴的过程中，很容易打开思路，产生新的灵感。拼贴时，可以通过思考怎样利用这些信息，来增加自己灵感板的概念性和故事性，从而深化设计主题，增强视觉效果。

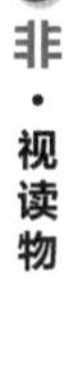

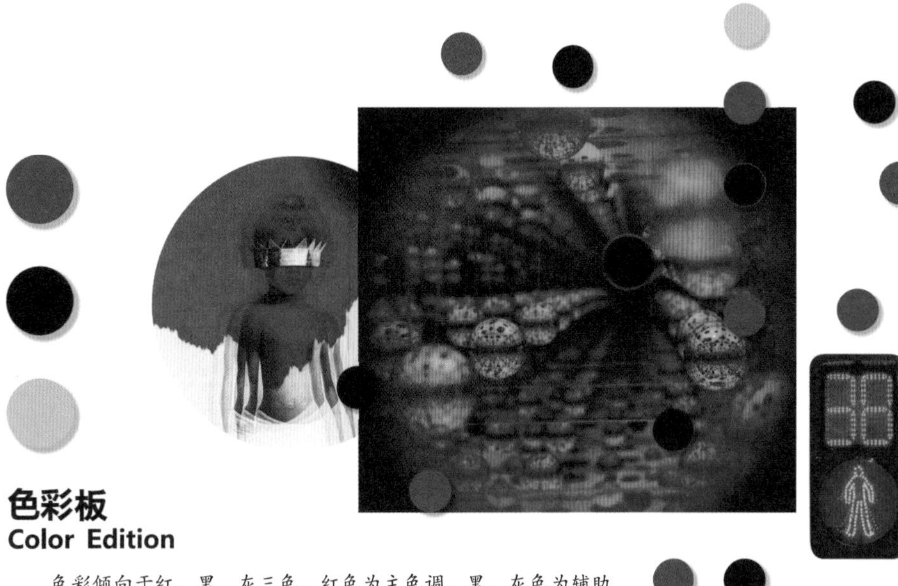

色彩板
Color Edition

色彩倾向于红、黑、灰三色，红色为主色调，黑、灰色为辅助色。本系列主题从视障者角度出发，从草间弥生镜像艺术、交通信号灯、夜反光材质3M反光中提取色彩，以提醒他人注意行路上的视障者，给予他们关爱与帮助。

面料板
Fabric Plate

面料趋向毛呢、混纺、反光、环保半透明PVC、局部羽绒材质等，结合视障人群户外情况，面料也具有实用防护性，通过多元面料改造手法在面料上做肌理效果，提取盲文元素，在同种色系中将不同面料相互结合。工艺可采用激光镂空、立体刺绣、PVC复合、3D浮雕制作凹凸圆点肌理。

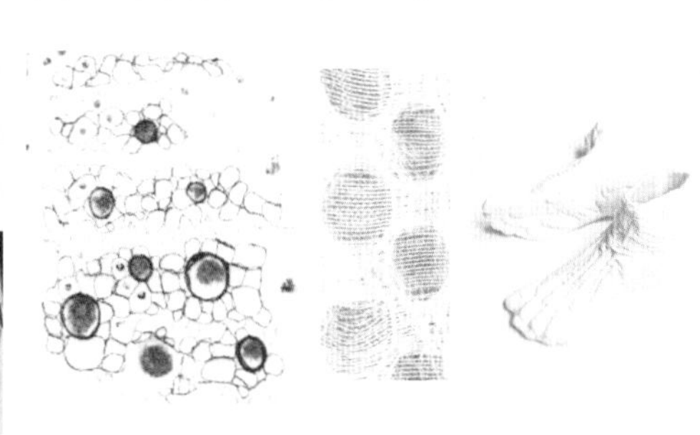

·设计灵感板

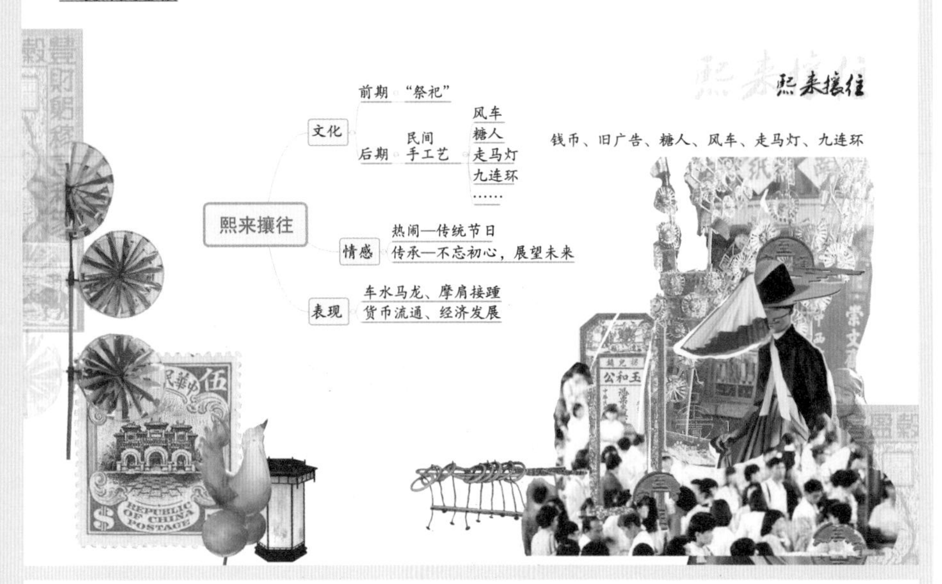

·主题灵感板

·灵感板（廓型细节）

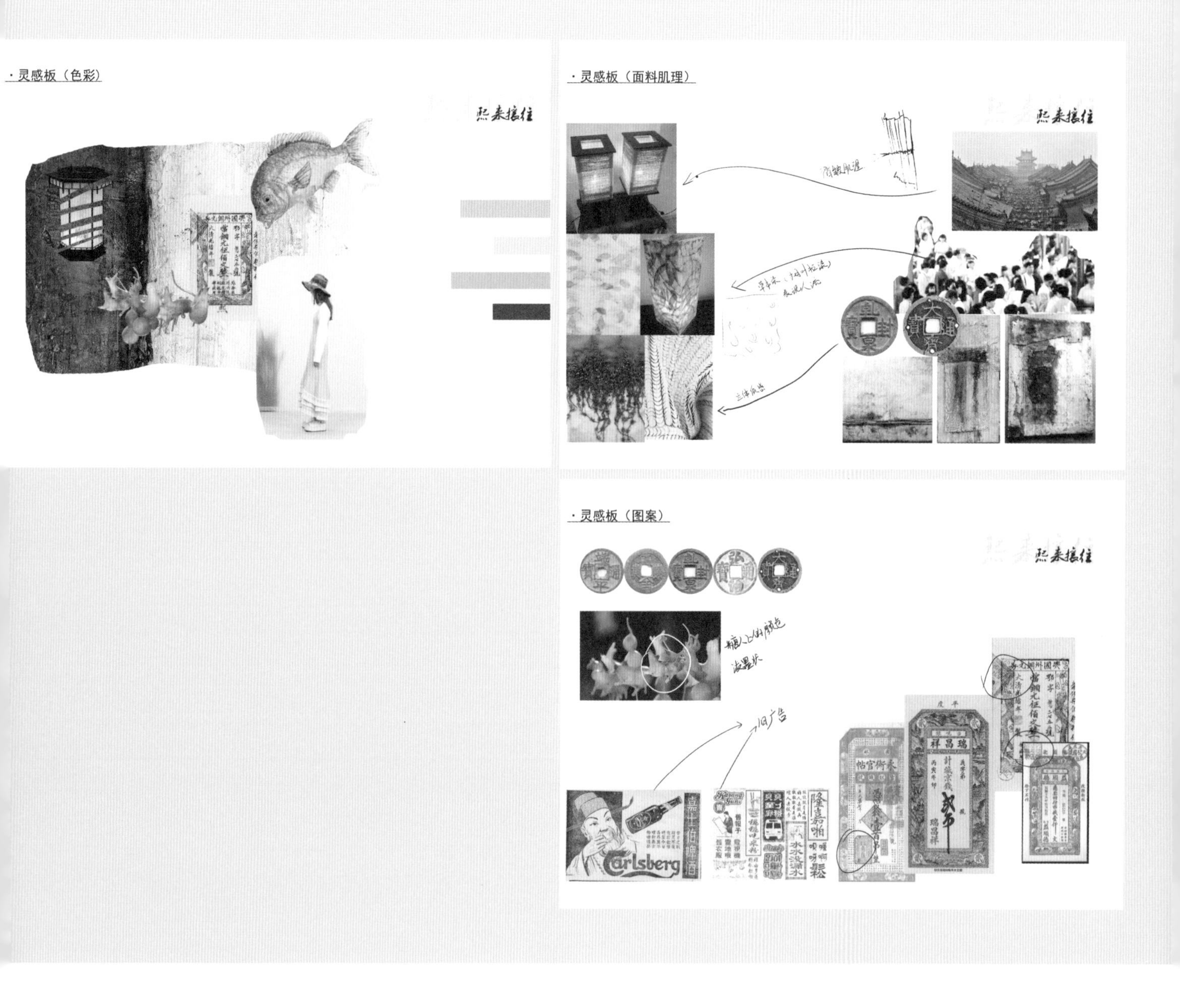

设计调研实践

调研是推动项目发展的首要因素，且持续于整个过程。主题概念往往始于朦朦胧胧的雏形，只有在充分调研的支撑下，才能使主题或概念逐渐清晰明了，提升主题深度与内涵。

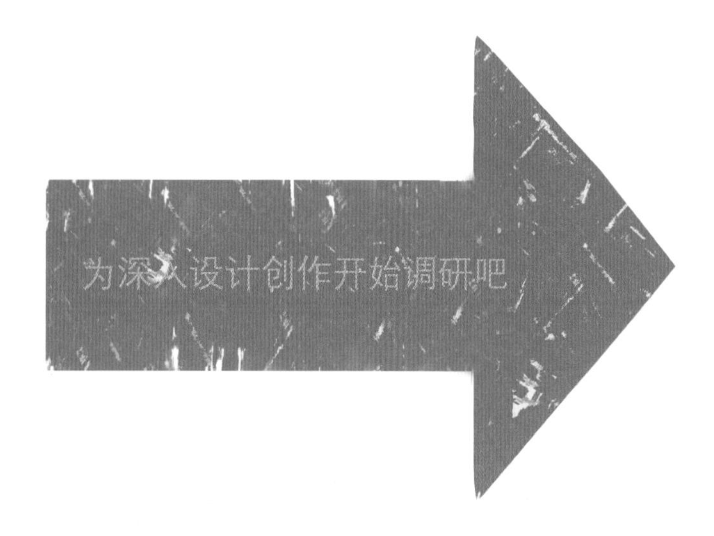

任务一：确定调研关键词

综合主题概念的表达内涵，对应主题氛围、预期效果进行发散思考，确定调研方向和具体内容；提炼调研内容关键词。

注意调研内容和主题概念的逻辑关系。调研不仅考虑视觉图像，文本、影音、实物等不同感官类型的信息和素材，对于设计创作同样很重要。

任务二：造型灵感板

造型灵感板还可以细分为廓型、结构、局部细节等灵感板。

灵感板应选择代表性、启发性、应用性较强的素材。素材拼贴注意逻辑性，即围绕主题调研，绝非随心所欲的“拿来主义”。

任务三：色彩灵感板

色彩灵感板应选择代表性、启发性、应用性较强的素材。素材拼贴注意逻辑性，即围绕主题调研，绝非随心所欲的“拿来主义”。

任务四：面料灵感板

面料灵感板还可以细分为肌理、外观等灵感板。

灵感板应选择代表性、启发性、应用性较强的素材。素材拼贴注意逻辑性，即围绕主题调研，绝非随心所欲的“拿来主义”。

任务五：图案灵感板

图案灵感板应选择代表性、启发性、应用性较强的素材。素材拼贴注意逻辑性，即围绕主题调研，绝非随心所欲的“拿来主义”。

任务六：配饰、工艺等灵感板

配饰、工艺等灵感板应选择代表性、启发性、应用性较强的素材。素材拼贴注意逻辑性，即围绕主题调研，绝非随心所欲的“拿来主义”。

设计调研实践自省

对此阶段任务的实践过程进行复盘，把过程中的所思、所感、所得等记录于此，让学习心得和体会转化为自己的设计经验。

第 4 单元　信息转译

4.1 设计元素

设计元素是设计中的基础符号和基本单位。元素构成了设计对象的形态和形象，是物体的外部特征，是可见的。形象包括视觉元素的各个部分，所有的基础元素如点、线、面再现于画面时，也具有各自的形象。对于一个呈现在人们眼前的设计作品，其基本结构、意境、思想以及所要阐明的基本信息全都体现在设计元素中。整个设计的灵魂也通过元素来表达。

设计元素和设计语言的关系好比元素是一个个的字和词组，而语言意味着组织字、词之后的表述语句，其包含着设计师的表达手段、设计方法、个人理念和表现风格等。

不同设计专业有不同的设计元素。服装设计中的“元素”概念是指服装设计中具有鲜明特征的，构成服装的具体细节的集合，包括色彩、造型、图案、材质、装饰手法等能够传达设计者设计理念的服装构成。设计师脑子里无穷无尽的奇思异想就是通过元素符号这一媒介进行具象化或物化，借以表达设计师个人千奇百怪的创意，传递出流行和时尚的信息。

服装设计创作需要把主题思想、情感及意念物态化，而提取与转换设计元素完成设计图稿是这一过程中非常重要的一步，其不仅推动了设计的进行，同时，这部分转换的过程通常也直接决定了项目的整体设计走向和最终成衣效果。

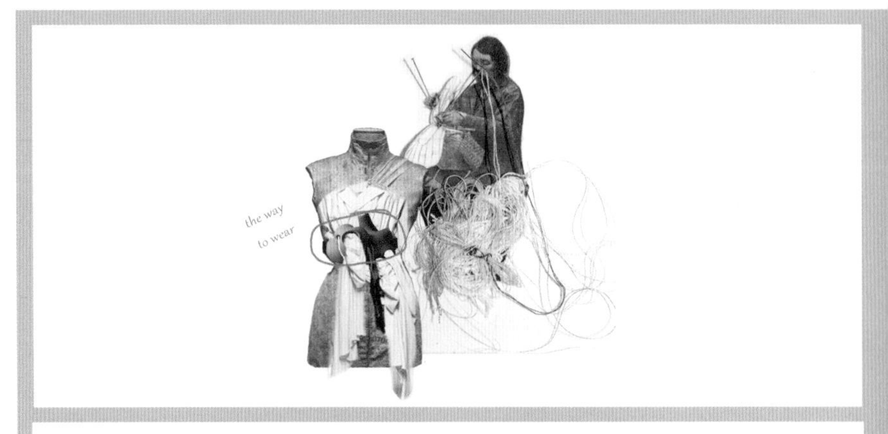

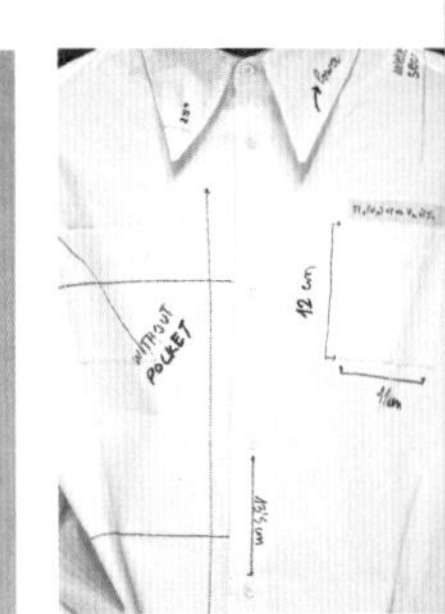

the search for
the structure of clothing

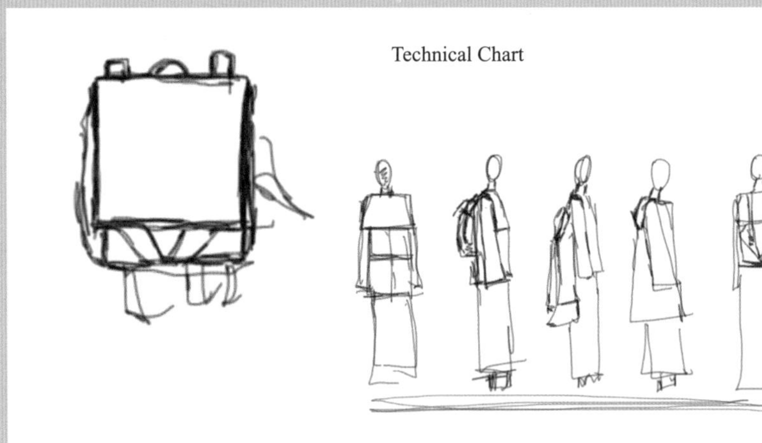

4.2　元素提炼

通过调研获取的素材怎样才能合理运用到设计中呢？如同美食烹饪需要对食材进行加工处理一样，设计也需如此才能提炼到有价值的设计元素。

设计元素的提炼实际上就是一个思维转换的过程，是调研信息和素材转化成服装设计语言非常关键的一个步骤。其包括提取与转换两步，即从调研信息中提取可用的部分素材，然后将其转换为设计元素。

从具体操作层面来说，可以通过拷贝纸拓印或者软件从调研素材中挖掘有创作价值的部分，根据创作目的提取对象的色彩、造型，或者内部的结构和肌理形态等。这就像炒菜一样，对选取食材进行整理清洗后挑选出可食用的部分等待加工处理。通常情况下，从素材中提取出来的初始形态不直接运用到设计中，因此还不能称为元素。接下来就是将这些提取出来的基础形态进行转换，使其成为设计可用的元素，这些提取出来的元素或简单或复杂，或具象或抽象。基础元素通过后期的重组，而复杂元素则会通过解构变成一些更小单元的基础元素，然后重新组合，最终转化为不同的服装形态。

元素提炼的基本原则是强调主题一以贯之的逻辑性，要非常严谨地以灵感源对象为依据，不能凭空捏造和肆意添加，针对提取的基础形态随意变动，破坏设计的逻辑根基。

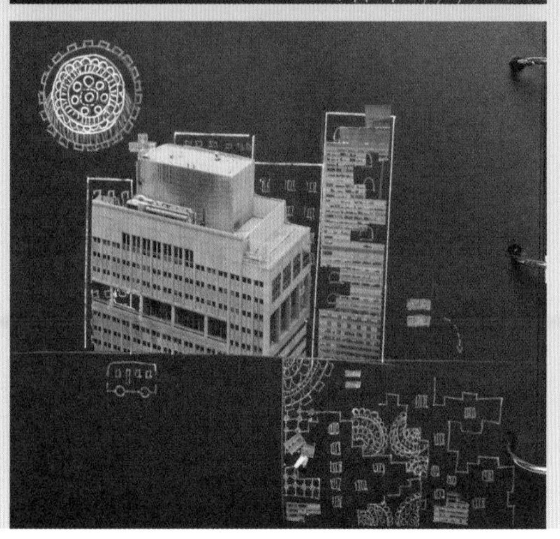

元素提炼 款式

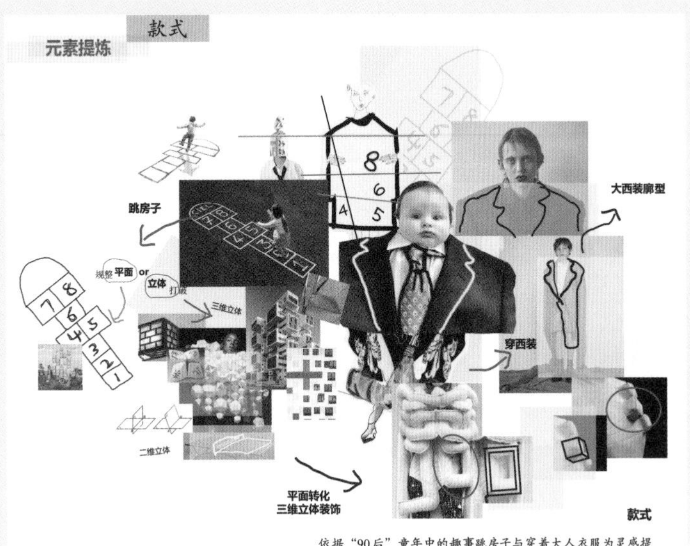

依据"90后"童年中的趣事跳房子与穿着大人衣服为灵感提取款式元素西装、方格、oversize大廓型……

元素提炼 色彩

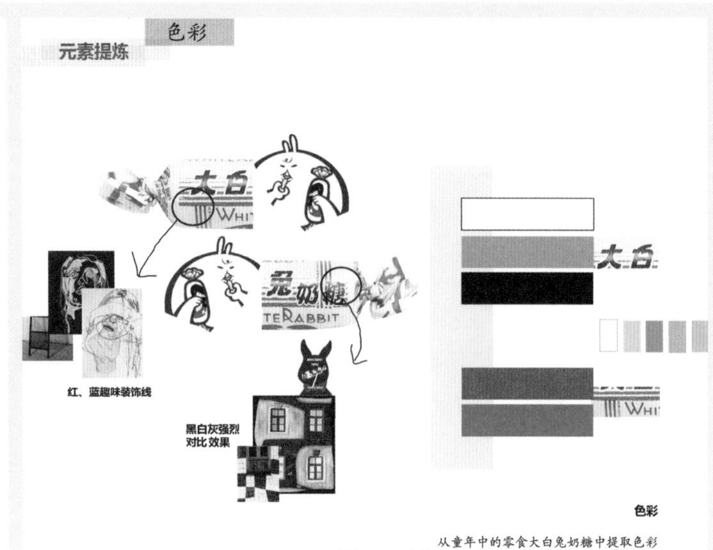

从童年中的零食大白兔奶糖中提取色彩
白色White、灰色Gray、黑色Black、红色Red、蓝色Blue

依据西服的廓型，采用挺括的毛呢作为主面料，再搭配太空棉、衬衣棉布、毛线、透明PVC等材料

采取童年涂鸦样式提取"90后"童年零食、涂鸦画元素，图案采用线迹刺绣、手绘涂鸦、数码印花……

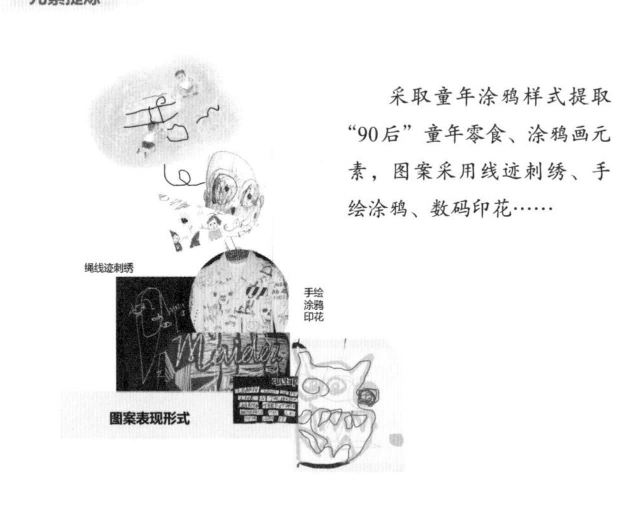

面料实验

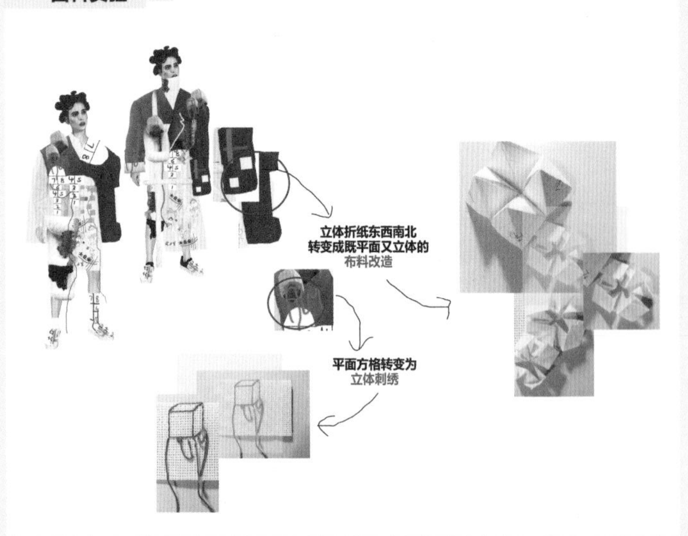

设计探索：服装形态

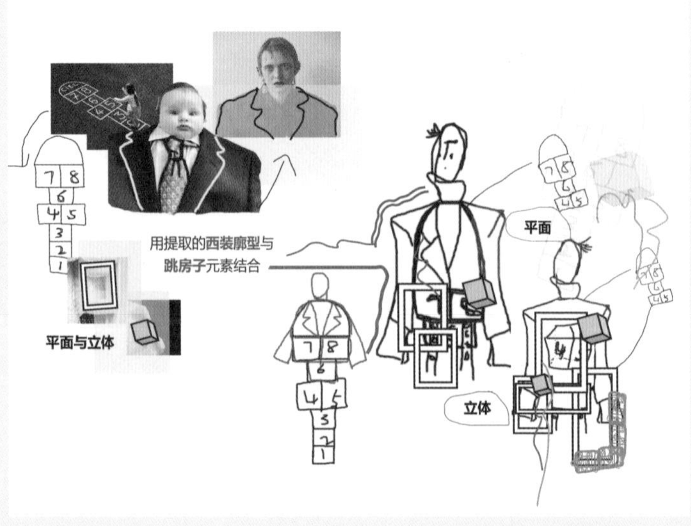

4.3　服装形态

服装形态指的是融入了材料肌理、色彩的服装空间造型。服装形态的构成过程就是元素重组的过程。这与其他造型设计的情形一样，即通过大脑的创造性思维，利用设计美学原理和服装语言，把调研素材提取和转化后的基础设计元素进行或简单或复杂的重组，最后根据项目需求、主题表达和设计预设效果，有意识地构造不同的服装形态，从而解决设计需求，为最终的设计方案所用。

在服装构成各元素确定的过程中，同时可以考虑如何运用设计的美学原理将这些元素组合在一起构成完整的服装。设计美学的基本原则主要是统一与变化的协调。统一是各设计元素之间的一致和调和，体现了各个元素的共性或整体联系。变化是各元素之间的差异与矛盾，在设计中形成对比，体现了服装构成元素之间个性的千差万别，从而在形象、秩序、色彩、材质等方面有所突破和创新，产生丰富的层次感。

在进行元素的组合与应用时，需要运用空间思维对选定元素的形态、材质、数量进行综合考量。相同的元素由于形态、材质和使用数量的不同可以得到完全不同的设计效果。这种对元素形态、材质和数量的控制与具体的设计组合方法结合在一起，在设计时可以根据最初的设计主题思想、品牌理念，选择元素的形、色、质、量，再结合不同的组合手法和审美规律，不断调整使之达到最佳状态。

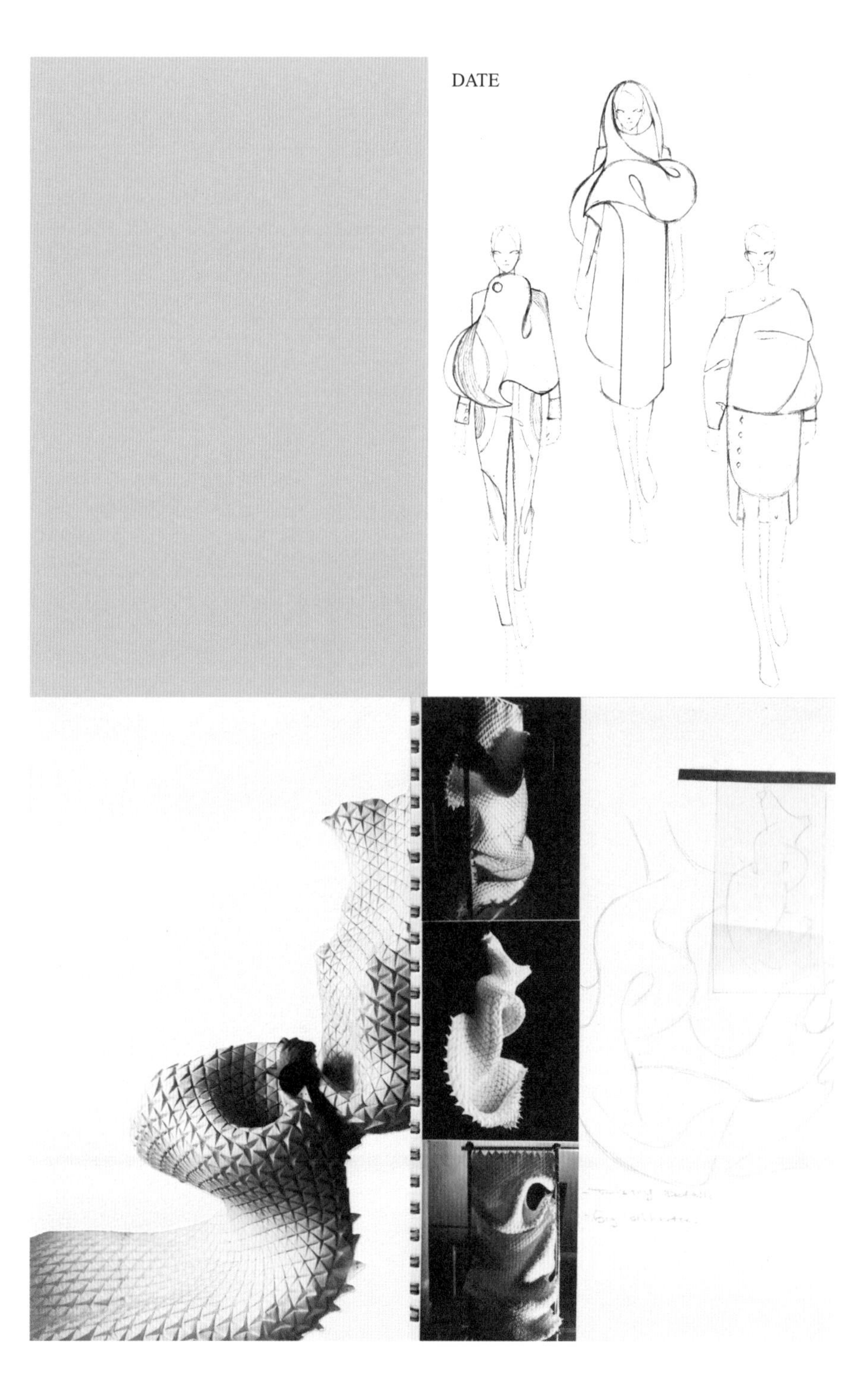

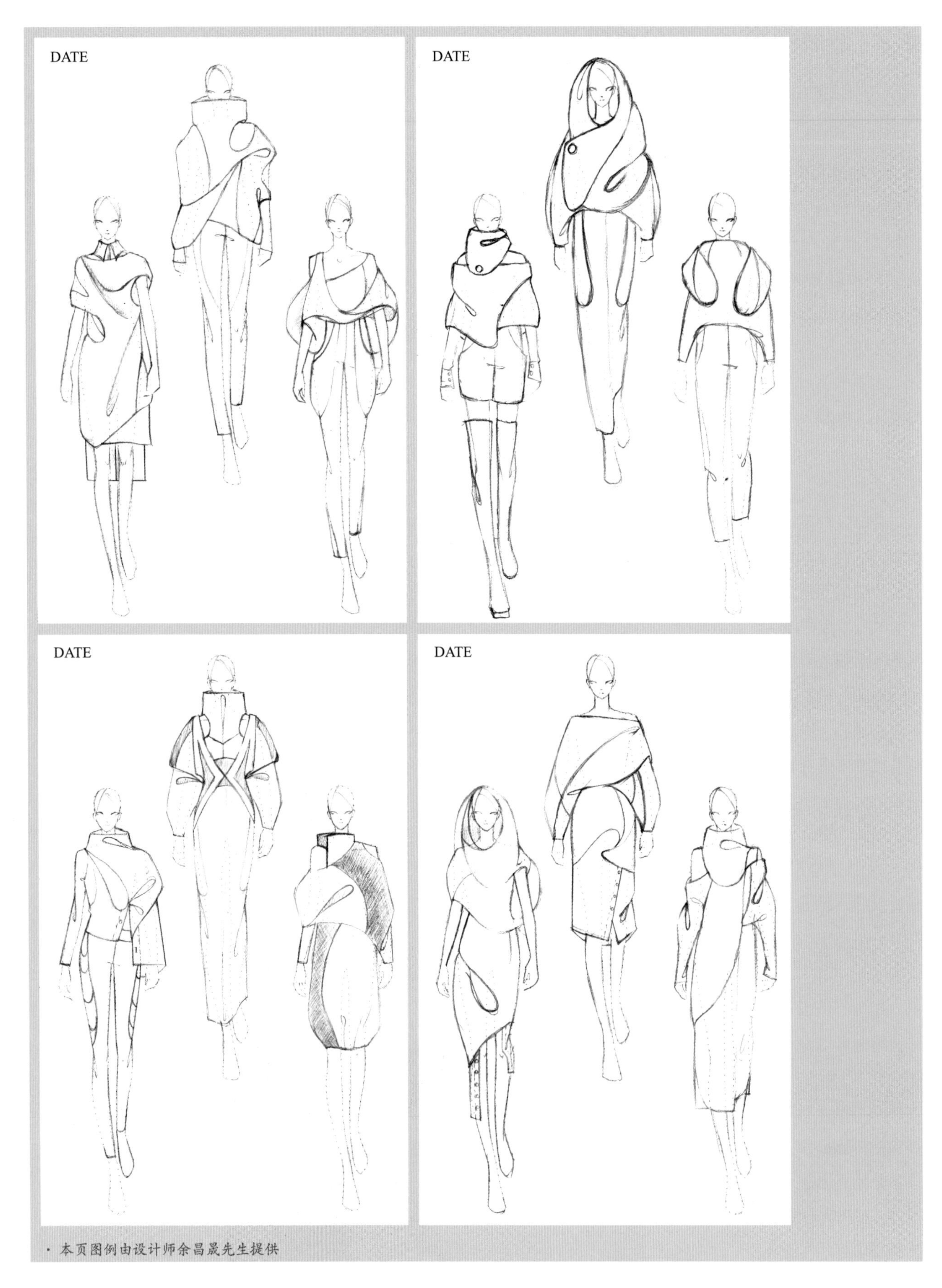

· 本页图例由设计师余昌晟先生提供

我们追求的是一个怎样的世界呢？

信息转译实践

从灵感素材中提取设计元素和转换服装形态是专业设计师的必备技能，是设计思维知行合一的具体表现。通常在设计中很难单独看到此步骤，但作为服装设计初学者，很有必要通过反复训练掌握此技能。

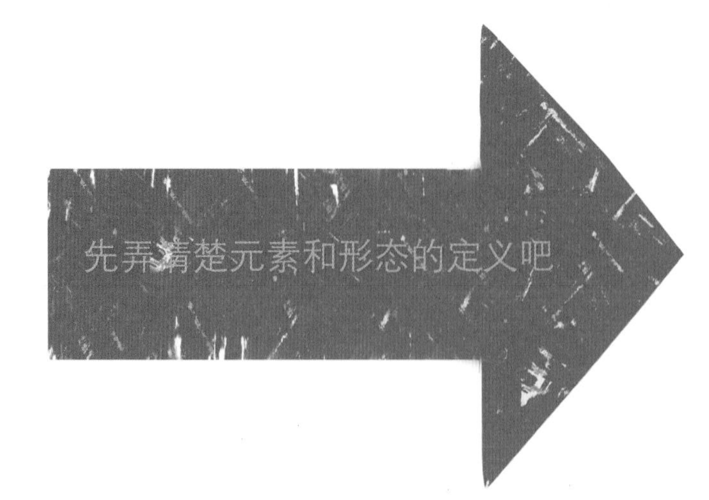

任务一：作品预期效果

在持续调研过程中，除了探索主题及概念的内涵和外延，创作的预期效果也逐渐由模糊走向清晰；

利用文本和图像等媒介，把预期效果进行视觉化的呈现，既是把主题概念具象化，也有利于推进后续的设计；

注意预期效果是动态变化的，后期需要适时调整、修正，才能最终确定。

氛围关键词很重要！后期效果图方案和成衣呈现给人的感觉就是它们啦！同时这也是最终作品评判的依据。

任务二：造型元素提炼与重构

运用写实、描摹、提炼、概括等方法，利用图像编辑软件，或者借助拷贝纸从复印件对收集的素材进行处理，提取出设计可用的基础元素；

运用设计思维，把提取到的设计元素重构为符合主题的服装造型形态。

根据预设效果，把调研素材进行拼贴，然后直接提取设计元素或服装形态；

灵光闪现的时候，当然也可以把素材直接转换为服装造型形态。

任务三：材料元素提炼与重构

运用写实、描摹、提炼、概括等方法，利用图像编辑软件，或者借助拷贝纸从复印件对收集的素材进行处理，提取出设计可用的基础元素；

运用设计思维，把提取到的设计元素重构为符合主题的服装材料的肌理等形态。

根据预设效果，把调研素材进行拼贴，然后直接提取设计元素或服装形态；

灵光闪现的时候，当然也可以把素材直接转换为服装材料形态。

任务四：色彩元素提炼与重构

从调研收集到的素材中选择符合设计主题的图像文件，提取设计可用的色彩元素；

运用不同的表达方式，根据主题情绪氛围对提取的色彩进行取舍、主次排列，形成2~3套色彩方案。

任务五：图案等元素提炼与重构

运用写实、描摹、提炼、概括等方法，利用图像编辑软件，或者借助拷贝纸从复印件对收集的素材进行处理，提取出设计可用的基础元素；

运用设计思维，把提取到的设计元素重构为符合主题的服装图案、装饰等形态。

根据预设效果，把调研素材进行拼贴，然后直接提取设计元素或服装形态；

灵光闪现的时候，当然也可以把素材直接转换为服装图案、装饰等形态。

信息转译实践自省

对此阶段任务的实践过程进行复盘，把过程中的所思、所感、所得等记录于此，让学习心得和体会转化为自己的设计经验。

第 5 单元　实验与拓展

5.1 设计实验

通过各种不同类型的设计实验，培养专业的观察能力、审美能力、形象思维能力、创造性思维能力等，加深对服装空间形态的认识，为后续设计整合等任务奠定基础。设计实验不仅可以对二维设计方案进行验证，还是创作过程中一种极好的探索手段，其方式包括但不限于：元素组合实验、针对款式廓型和结构进行的实验、针对系列元素构成的局部做的造型实验、利用坯布进行局部造型的实验，或者融合材料、色彩的造型进行的实验，等等。

同后期原型款制作相比，设计实验是从局部的角度完善整体设计，如色彩搭配、廓型和结构实验，面料改造、结合材料、结合造型的实验，这都是为了帮助观察研究造型的多样性和可能性，去挖掘未知的造型形态。原型款制作针对的是定稿之后的方案，选择一套进行整体性的验证，包括整个系列的款式结构、色彩设计、材料搭配与改造、装饰方式、制作工艺、费用成本、时间进度等皆可进行可行性验证，这有利于最后的调整，从而让整个方案系列落地实施可控。

造型、材料、色彩等各项创作过程的设计实验都尽量要有充分的影像和图文记录。记录不仅是为了记录过程本身和验证最终的结果，更重要的是通过记录更好地反思和总结，在不断的试错中汲取和积累个人的创作经验，同时影像还能直观地将实验制作过程表现给观者。实际上，影像记录在毕业设计和作品集的制作中也是必不可少的一项。

5.2　廓型与结构

廓型指不同角度下服装的外形轮廓，这是服装造型的根本。服装造型的总体印象是由服装的外轮廓决定的，其通常直接决定了服装的大致类别。廓型是人们看到服装时最先注意到的地方，其后才会关注服装的内在细节。其实不仅服装设计如此，同样在其他的造型艺术或者设计作品中，只要能给我们留下深刻印象的，往往都会有一个令人印象深刻的廓型。

服装款式除了外轮廓造型，还有内部造型。服装廓型是服装形象变化的根本，深入地了解和分析服装廓型，掌握其内在设计规律，把服装的外轮廓造型与内在结构设计巧妙地联系在一起，从而使服装更加丰富，具有更加独特的设计风格特征。像从事其他艺术创作的工作者一样，服装设计师在创作过程中，总是努力使自己的作品能对观者产生强烈的感染效果，这中间所运用的设计原理，或者说设计中的画面结构形式，必然成为他们十分关注的问题。在服装设计中，恰当的结构布局形式可以通过视觉传达给观者，并对观者视觉起到支配作用。

服装设计初学者在学习过程中常出现非常鲜明的两大短板，一是由于个人独立完成从服装设计到成衣制作的实操机会不多，缺乏对材料搭配和实际应用的经验，同时对材料再造的认知不足。二是源于课程设置和实践练习缺乏空间思维的训练，在进行设计构思时服装结构过于平面化，包括在立体裁剪学习阶段没有一种充分把服装作为空间形态存在的深刻认知，缺乏对于外形、材料、裁剪、工艺、人体工学等因素的统一协调融合训练。因此，要想做好服装廓型设计和内部结构布局，就不能忽视日常学习和空间思维训练，以及设计实践的经验积累。

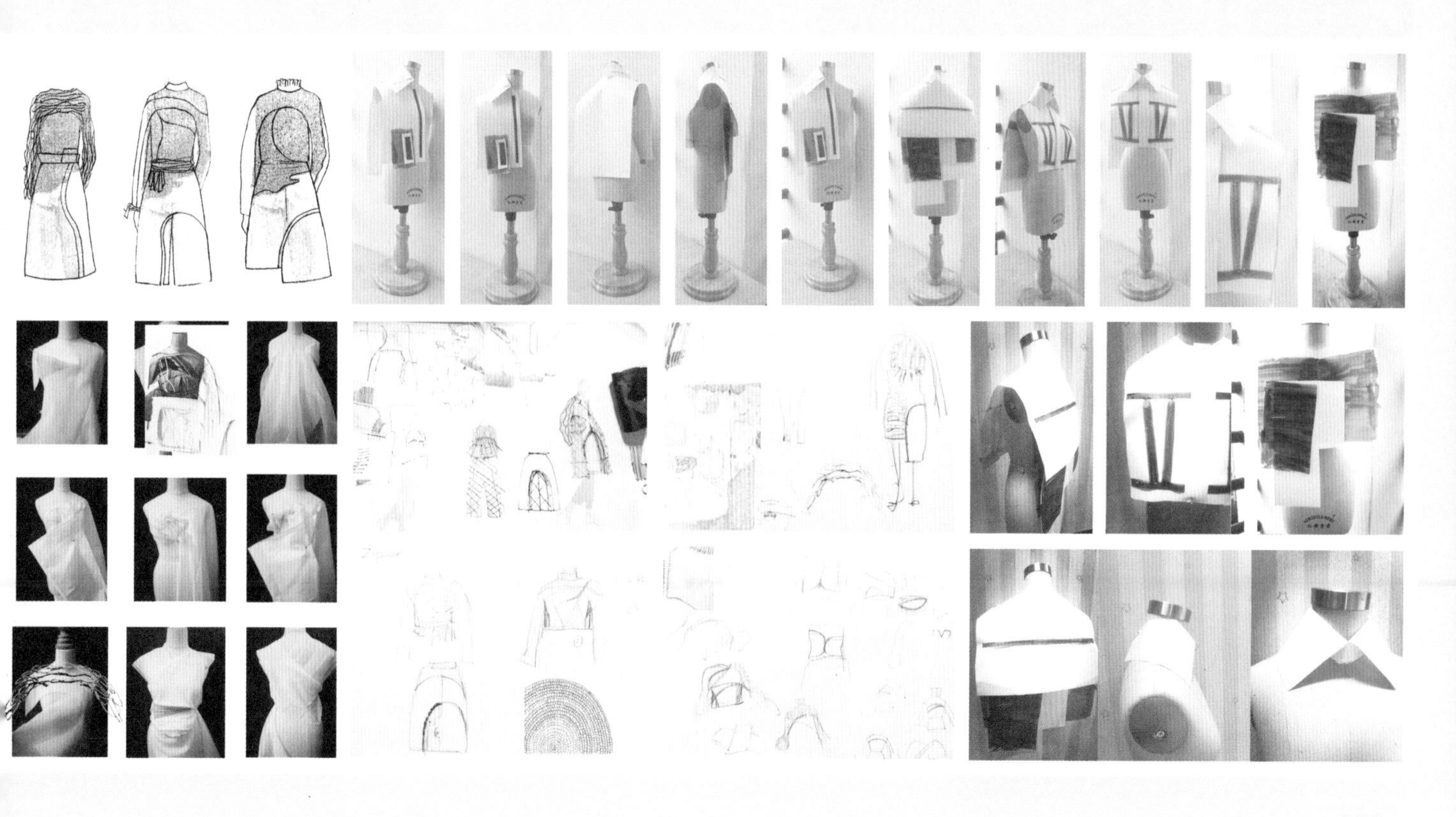

坯布实验小样

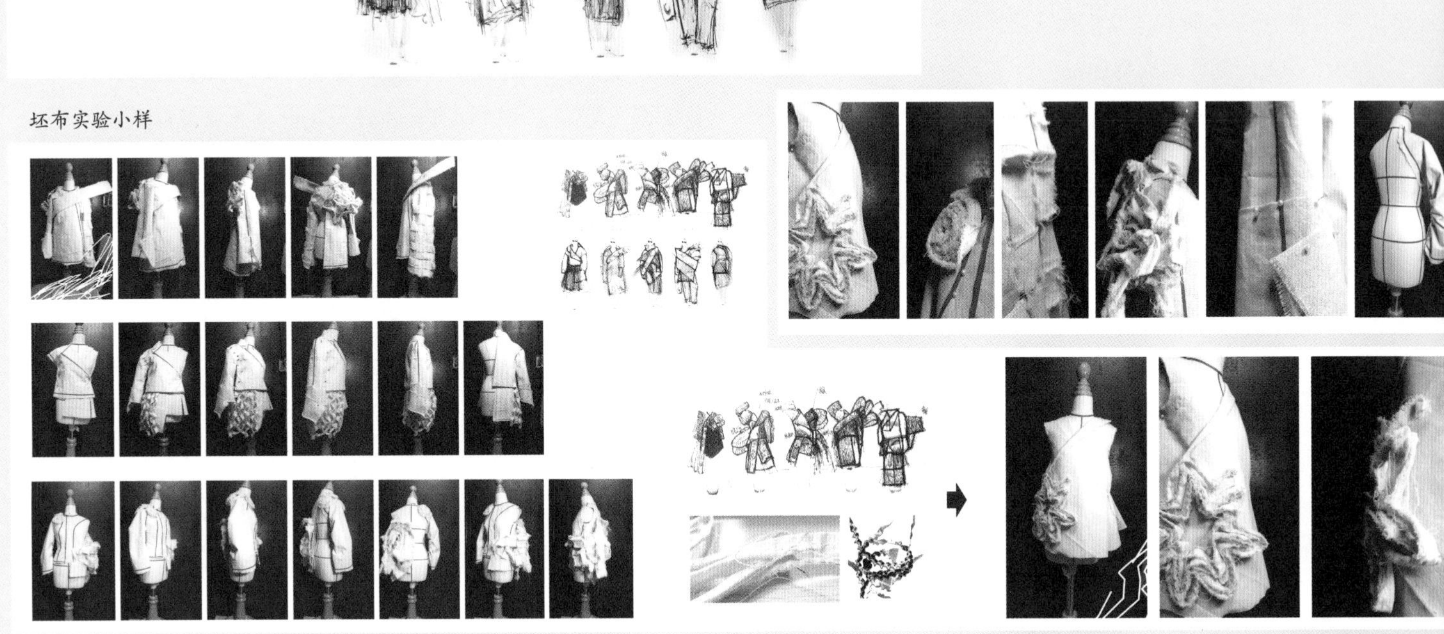

造型实验

实验修改

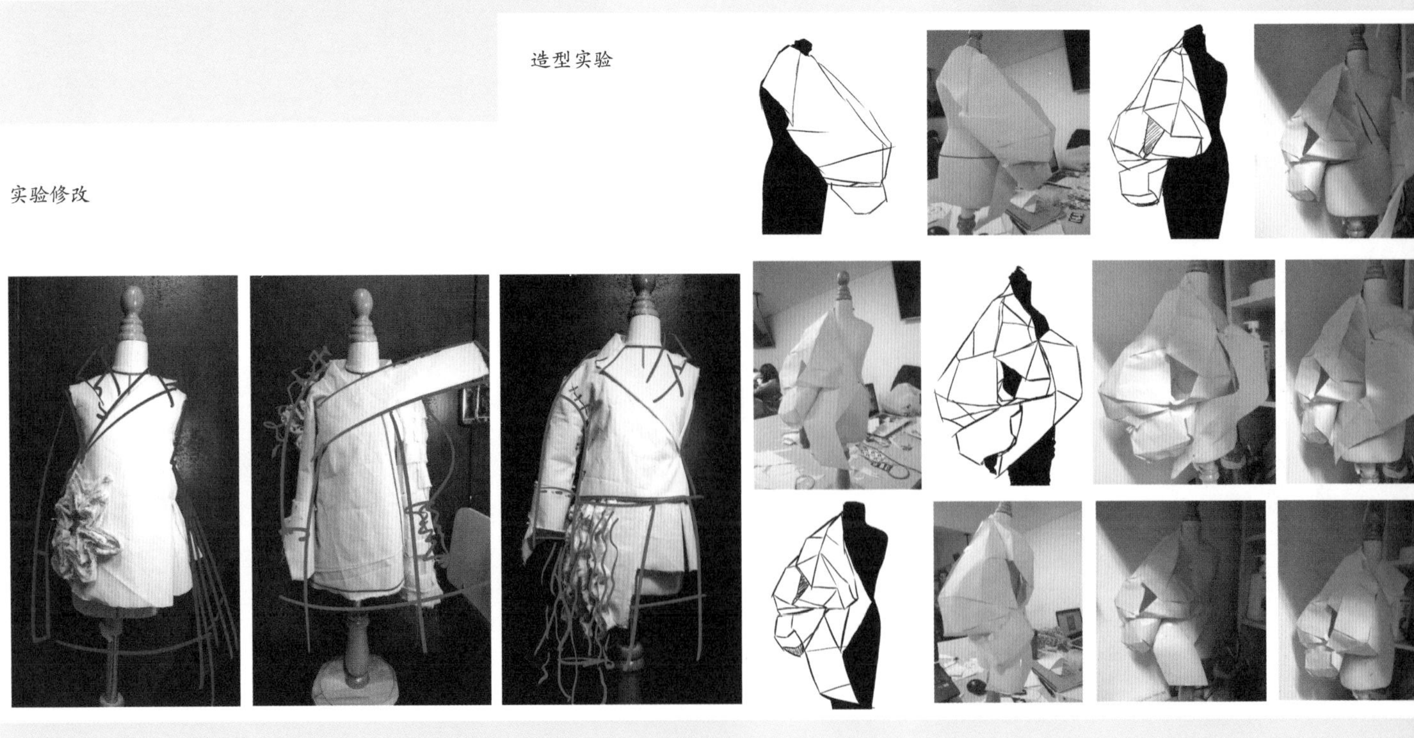

5.3　色彩设计

色彩的重要性不言而喻。任何物体（包括服装）出现在人类面前，最先进入视线的就是色彩，当欣赏一件艺术作品，或进入一个环境空间时，往往也先被色彩所吸引。在服装设计中，色彩永远是能够最直观展现整体视觉效果的元素。不同的色彩搭配会给观者的情感带来不同程度的影响，对于服装整体艺术氛围和审美感受都起着至关重要的作用。因此在服装设计创作时，色彩概念板可以帮助完成色彩设计提案，为服装系列奠定情绪基调。

生活中有许多触发我们灵感的事物，服装的色彩设计可以在这些不同的事物中获得启示和灵感，就像绘画艺术创作需要去生活中采风一样。因此进行色彩设计时可以探求和借助一定的途径与方法，学习如何从自然、艺术、民族文化和传统文化等方面获取色彩设计的启示与灵感，并掌握如何把获得的灵感与启示转换成色彩创意的一些方法，从而不断拓展设计色彩的空间，不断进行色彩创新设计。

同一色彩的表情特征与象征意义随历史、民族、地域、政治等因素的影响而不同，有时色彩的象征意义与人的心理感受有所联系，同时会受到面料质感和肌理的影响，相同的颜色在不同质感以及不同肌理的面料上，反映出来的效果是完全不同的。所以在进行服装色彩设计和搭配时不能停留在固有认知及理解上，而应结合主题的整体感觉，从想要表达的主题情感入手，在调研的素材中提取色彩元素，充分把握面料材质和色彩之间的内在联系，灵活地控制色彩之间的比例关系、冷暖关系、纯度与明度的关系以及对比与互补之间的关系。

在项目提案时，强烈建议多准备几套配色方案，这样做的好处是在面料选购阶段缺乏相匹配的色彩时有选择的机会，当然前提是这都是从调研的素材中提取的色彩元素，并且符合主题内涵和氛围。

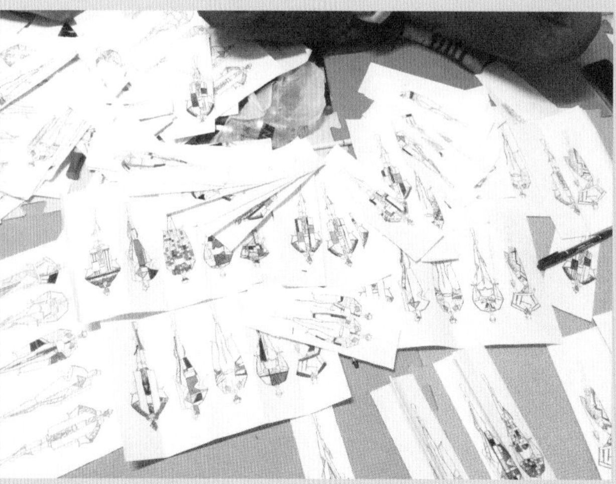

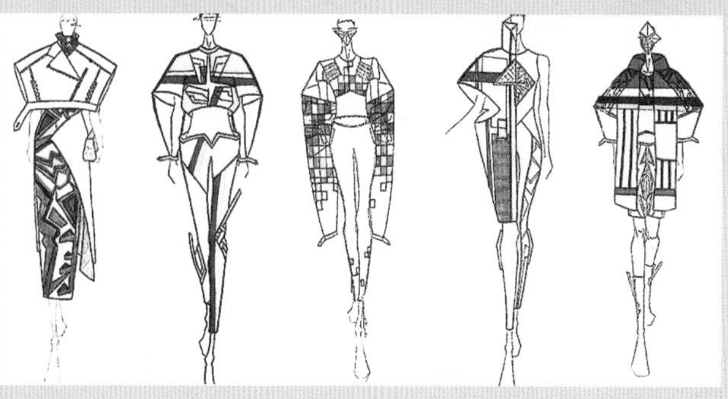

5.4 材料配置

服装材料不仅包括一般类型的纺织品，其他材料如皮革、毛皮、塑料、玻璃、金属、甚至木头等也常常被作为设计材料。在材料的配置和织物选用时需要考虑材质、色彩、图案、质地、光泽、表面肌理等是否匹配主题，此外，悬垂性、织物组织、有竞争力的价格等因素也是不容忽视的。设计过程中材料配置是一种感性混合理性的选择，很多同学在考虑材料时，会无意识或有意识地忽略设计的逻辑性，随意进行材料的配置，从而忽略主题表达和设计预设效果，并在后期简单地应用到服装上，导致最终成衣效果的呈现产生失败的风险。

从成衣设计的角度来说，单纯从造型、结构和工艺上寻求突破和创新早已力不从心，而面料再创作在其中担当着越来越重要的角色，尤其是概念和创意类的服装。服装的外在造型、内在结构或者是零部件设计，无不是在服装原型的基础上演变而来的，这就难免让人对其产生雷同的感觉。在这样的前提下，服装新材料的开发和创新变得越来越重要。同时设计师们对自我表达和原创设计感的追求，也决定了面料改造的必然性。

服装材料就像从文具店买回来的原装颜料，必须经过艺术家的调配并融入自己的思想，才能创作出美好的作品。设计师依照自己的灵感来源，充分地考虑不同服装材料的造型特征，对材料进行打褶、绗缝、破洞、洗水、编织等多种工艺进行多重实验，其所带来的新颖触觉肌理和视觉肌理以及产生的创意性艺术效果，就是材料再造，或称为材料的二次设计。实验的次数越多，设计师对材料的特性越了解，创作经验越丰富，改造后的效果才有可能避免材质外观的“千篇一律”，让设计的服装更能表达主题情感氛围，更能别具一格。

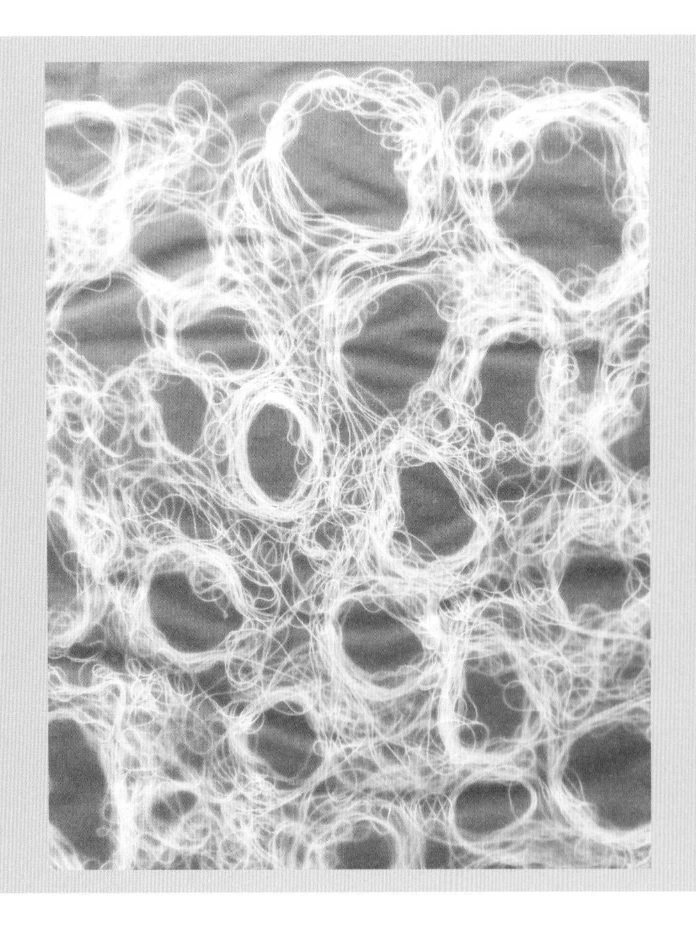

材料构思

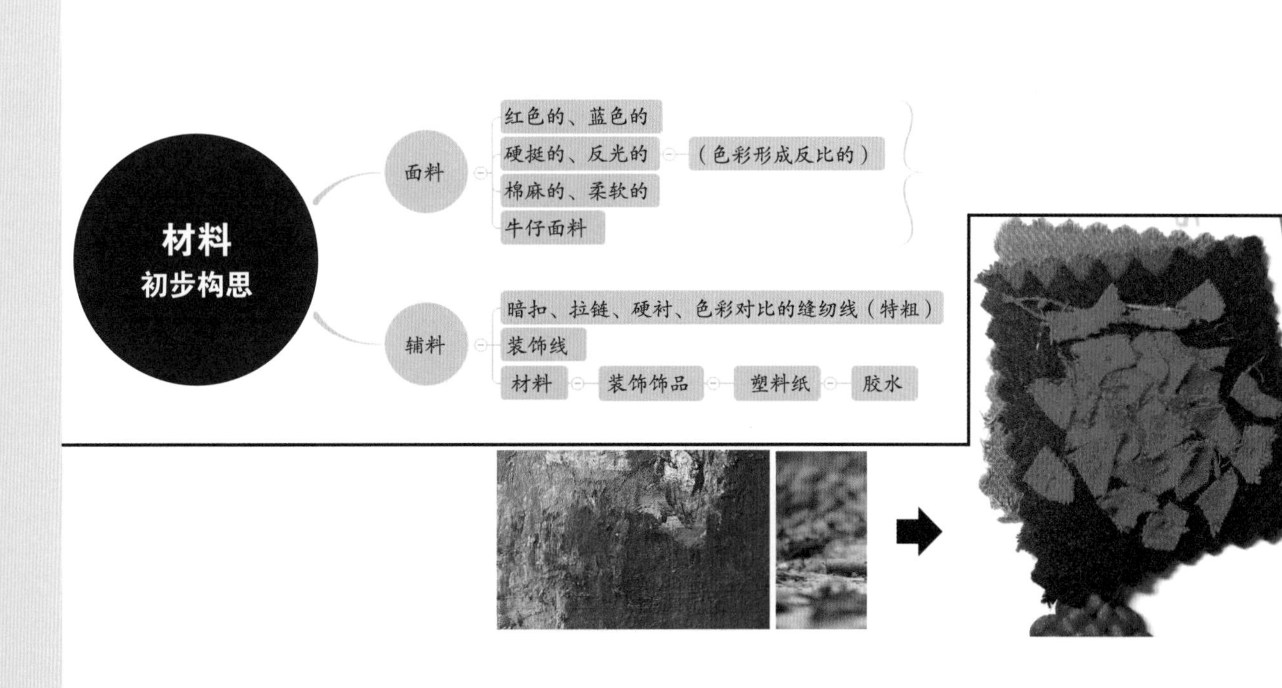

Ⅰ材料配置方向			Ⅱ具体材料名称				Ⅲ材料再造		
观感	质感	品类	反光	硬朗	透明	对比	加法	减法	综合
透明	软	针织	PVC	毛毡	纱	硬纱	缀饰	镂空	做旧
磨砂	硬	皮革	CD	绳子	塑料	软纱	堆叠	抽纱	抽褶
凹凸	厚	皮革	皮革	金属环	玻璃		增型	压花	编织
	薄	羽绒	丝绸	皮革			印染		扭曲
	松		塑料				刺绣		
	紧						连接		

INSPIRATION >> Material

Those with many stretched-out thorns of barbed wire remind me of the weaving process.

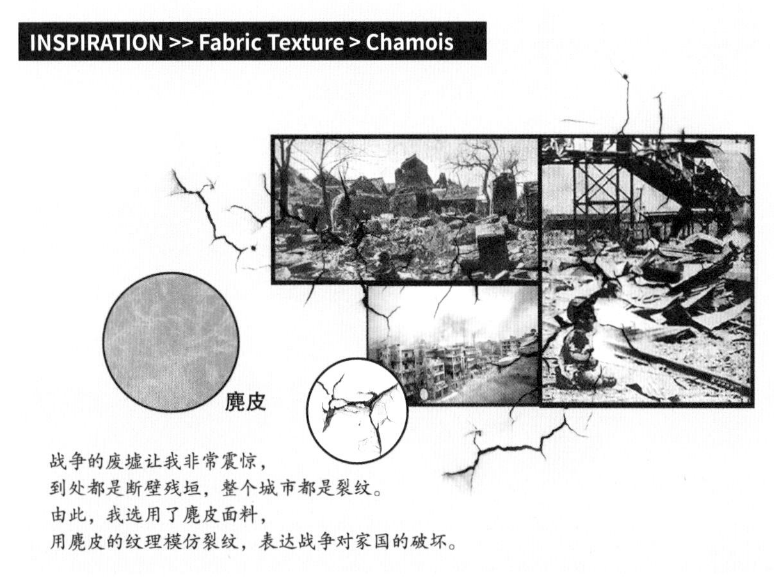

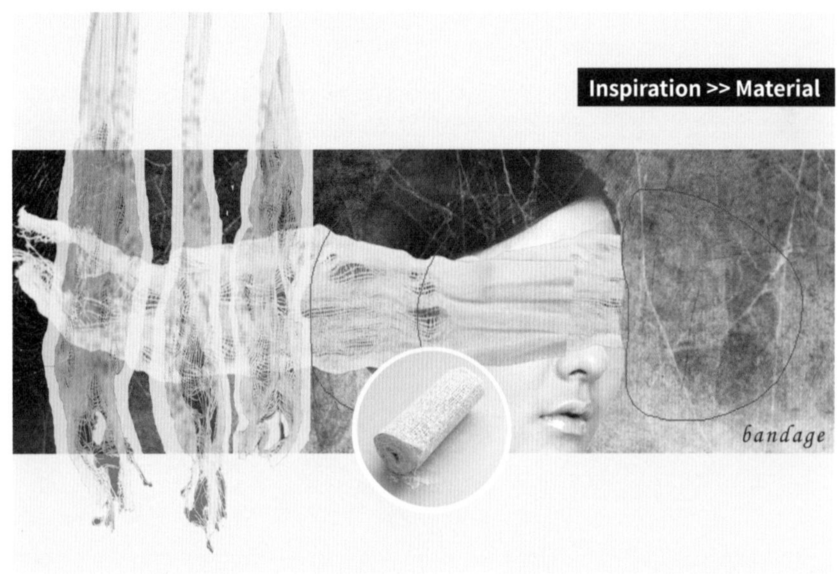

实验与拓展实践

设计实验是服装设计创作的主要手段。通过二维表现和三维设计实验，以及二维与三维的交互表现等多元化表达手段，最大限度地突破思维局限性，带来设计创作的无限可能性。

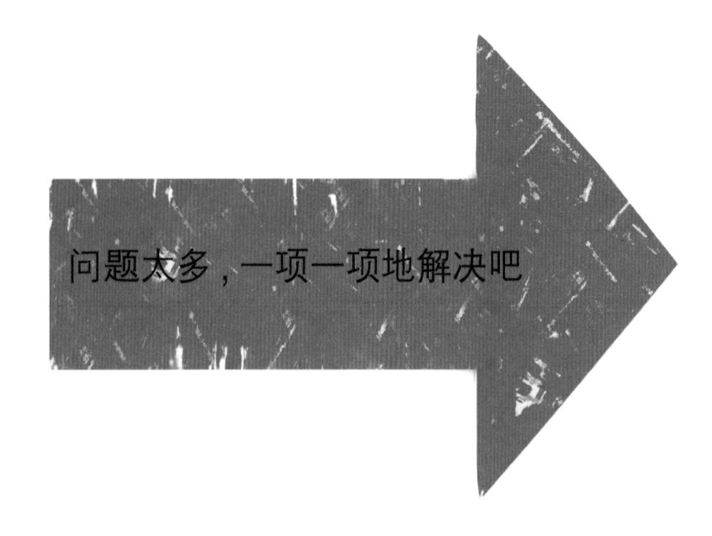

任务一：素材拼贴实验

根据主题情绪板、预期效果，从调研中收集到的素材进行筛选，利用纸媒或图像软件尝试素材拼贴实验。

注意：

根据个人喜好运用数码处理的拼贴，或者复印件纸媒的拼贴都可以；

拼贴既可以是完整的服装款式，也可以是局部的细节造型等；

拼贴效果给后期绘制图稿时提供思路，无须在此阶段过于追求设计的完整性。

任务二：造型实验

选择 1：1 或者 1：2 的人台，用坯布或者接近预期效果的布料进行造型实验；

造型实验前期主要解决系列设计的廓型和结构；

在解决廓型和结构的基础之上，逐步对局部造型、部品以及系列元素造型等进行实验；

结合草图绘制同步进行。

任务三：材料配置与再造

列出材料搭配方案，最好辅以面料实物小样，或比较接近的材料；
针对材料进行再造实验；
结合草图绘制同步进行。

任务四：图案、装饰等实验

对于图案、装饰等实验，尽量用实物或接近实物的材料进行，要多尝试其工艺实现的方式；

深入思考其与廓型、结构的构成方式，结合实验检验整体效果；

也可以利用图像软件进行处理，在电脑或其他数码设备中查看其虚拟效果；

结合草图绘制同步进行。

任务五：色彩实验

思考一下，色彩实验为什么放在实验的最后阶段?

色彩是主题情绪氛围呈现最直接的要素，根据预期效果，色彩实验可以尝试多种方案；

色彩最终是需要和材质结合在一起的，不能孤立存在；

色彩实验既可以把线稿复印多份，用水彩、马克笔等传统工具进行尝试，也可以整合前期各项实验的影像在电脑中进行虚拟仿真的实验；

结合草图绘制同步进行。

任务六：作品预期效果调整

经过各种设计实验，对创作的预期效果逐渐由模糊走向清晰和明确，主题概念也逐渐具象化，至此，创作的预期效果基本确定；

再次强调，作品预期效果在后续的设计中起到引导和评判的作用。

实验与拓展实践自省

对此阶段任务的实践过程进行复盘，把过程中的所思、所惑、所得等记录于此，让学习心得和体会转化为自己的设计经验。

第 6 单元　创作表现

6.1 整合信息

从调研素材中提取元素，并对不同服装语言进行创意性构成，再进行具体的设计实验之后，接下来需要进行的是设计整合与系列拓展。

整合就是把一些零散的信息通过某种方式彼此衔接起来，从而实现系统的资源共享和协同工作。设计整合阶段的精髓在于将松散、凌乱的要素组合在一起，包括设计调研、元素提炼、造型实验、材料再造等阶段性的成果，并通过大量草图表现和实验验证，最终形成较为完整的解决方案。这个过程如同七巧板游戏中单独而零散的板块，通过不同方式彼此衔接整合，组合成一幅幅不同的完整图形。

设计创作中的整合本质上是大脑运行设计思维进行创作的主要方式之一。

每个阶段都有其筛选条件和评判标准，整合信息也同时包含对信息的选择，哪些信息是有价值的可以利用，哪些信息可以备用，哪些是无效信息，这都需要遵循一直强调的项目需求、主题氛围契合度、作品预期效果等进行判断取舍。如果前期设计调研、元素提炼、造型实验、材料再造等阶段性的任务实施得比较充分，整合信息就会相对轻松，因为这个时候更多的是抉择和组合，例如设计元素的组合、造型的组合、材料的组合等不同实验结果的组合。

元素提炼及整合 款式篇

查阅了近几年大学生的概念设计，大部分都是大廓型，把素材往上堆，造成审美疲劳，该如何巧妙合理地利用元素，避开误区？

解构与主题相关的邬建安艺术作品《九重天》的结构。

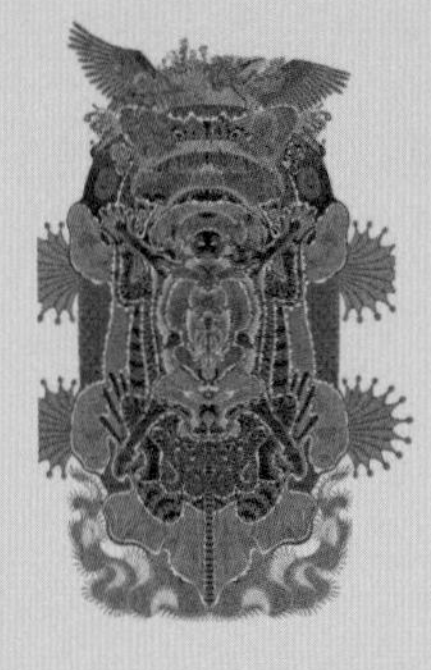

鸟食鱼

人面鸟食娃娃鱼

人头鸟食青蛙

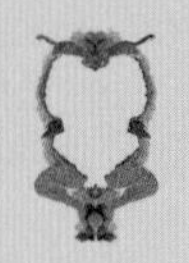

羽人食虎

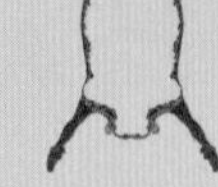

人食人

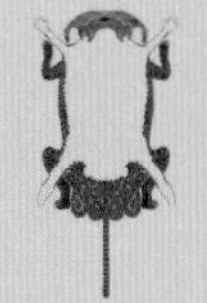

老虎食羽人

蛙食人头鸟

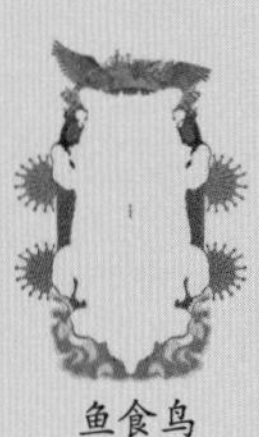

鱼食鸟

《九重天》是说九重动物相互包裹。最里层的是一只鸟咬着一条鱼，包着这层的是一个长着人脸的鸟，咬着一条娃娃鱼，再往外是一个长着人头、人腿的鸟咬着一只青蛙，然后一个羽人嘴里咬着一只老虎，之后是一个人咬着一个人。第四层的时候是羽人咬着老虎，到第六层的时候就变成老虎咬着这个羽人。接下来是继续反过来，青蛙咬着那个长着人头的鸟，娃娃鱼咬着长着人脸的鸟。它们最后组成这么一个带循环性的东西，其实这个作品可以无限地往外继续长大。也就是说鱼跟鸟就好像一对矛盾，或者这里边的任何一对关系都是一对矛盾。它们并没有谁一定能压迫谁，谁一定会咬谁。只要你变得比我大了，你就有机会咬我；我变得比你大了，我就能咬你。

构想：把这些奇怪的廓型巧妙合理地运用在服装结构上一定特别有趣。

与主题相似的服装廓型案例分析：

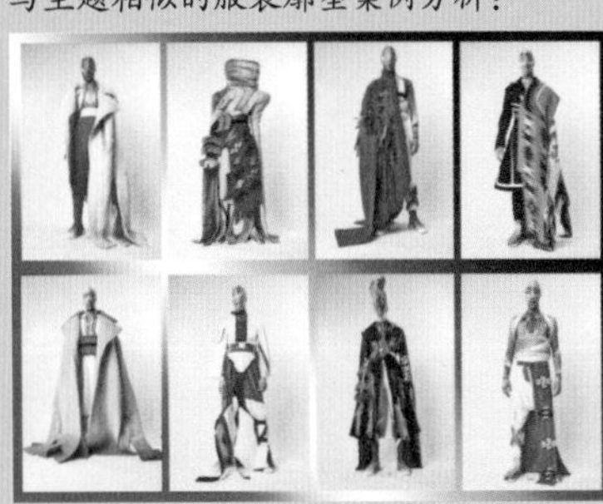

第一组

第二组

第三组

第一组服装的廓型相对简单，但层次丰富，主要是用颜色和图案强调服装结构，虽然廓型简单但很吸人眼球。

第二组服装的廓型特别简单，但裁剪手法特别，服装整体突出图案，虽然廓型简洁但整体趣味性很强。

第三组服装廓型和结构相对复杂，颜色和图案都有强调突出，但整体性相比上两组会弱些。

分析总结：这类风格的服装从以上三组案例可学习到，服装的整体廓型与结构相对于服装层次，图案和色彩设计若简洁些，整体效果会更好，或者说一件衣服一定要有轻重虚实之分。

元素提炼及整合 图案篇

灵感图案素材：

类似的构成案例学习

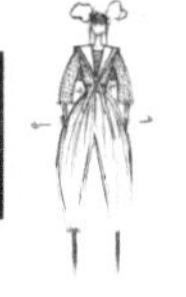

- 图案处理方式一向都是大难题，如果图案设定好后，我该以一种什么手法体现在服装上？
- 我可以直接用我的灵感源图片作为图案吗？

可采取的有趣的图案表现手法：

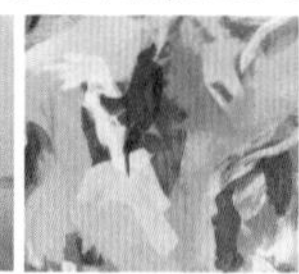

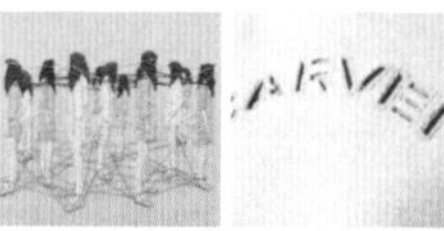
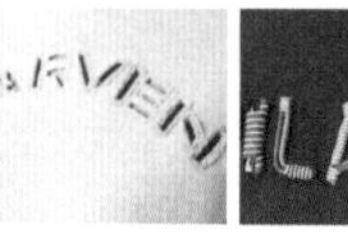

①把图案打散，组合在一个新的平面空间。
②提取图案色彩用抽象手法表现。
③把图案用多个点拼接出来。
④将面料折叠或者重构出图案。
⑤用新的刺绣方式装饰表面。
⑥用镂空或者立体突出来强调图案。
⑦把图案分成几何块状直接应用于服装上。

有趣的装饰设计

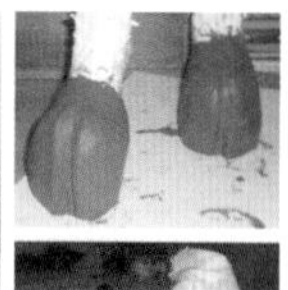
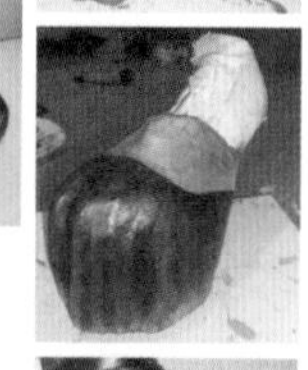
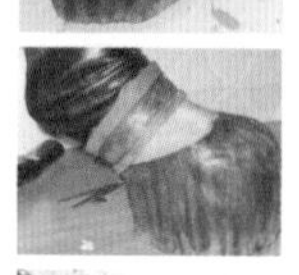

最初我准备以当下最常见的嘻哈为廓型风格，以其他灵感元素为图案配饰，但在小组讨论后，大家都建议我突破常规，反向使用元素。最后综合自己的想法，把两种思维融合会更有趣。

两组设计碰撞融合的构想：

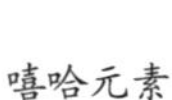
嘻哈元素

+

象形字体

嘻哈元素

+

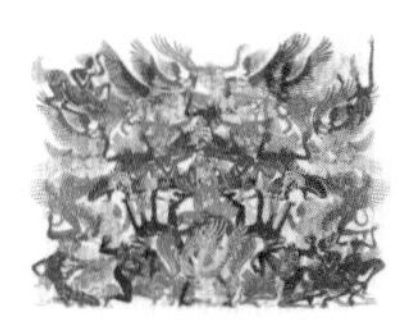
刑天舞

元素提炼及整合 材料篇

当下流行面料的调研：

天鹅绒

格纹呢

主题所需要的未来感面料：

PVC 材质

硬挺或者柔软网格

人造 PU 皮

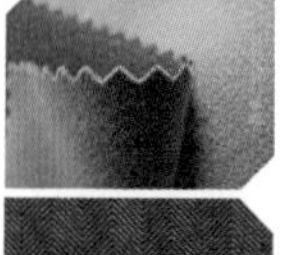
太空棉

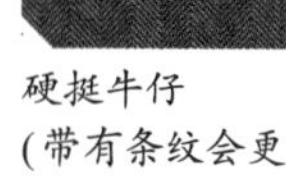
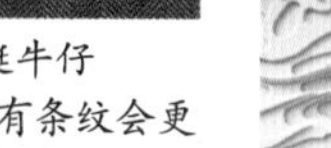
硬挺牛仔（带有条纹会更有质感）

- 我的服装材料是否应当应用当下流行面料？
- 我该如何体现主面料和辅面料？
- 我该怎么突破面料的二次创作？

采集到关于一些有趣的辅面料：

树皮

羽毛

皮流苏

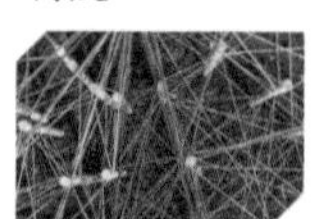
手工

金属圈

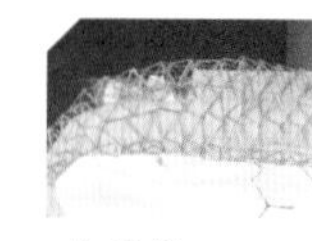
镭射服料

金属条

面料的二次创作灵感图参考及案例：

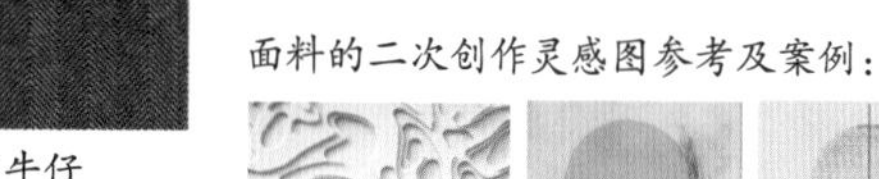

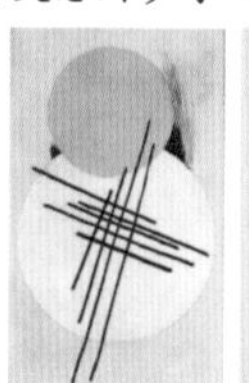
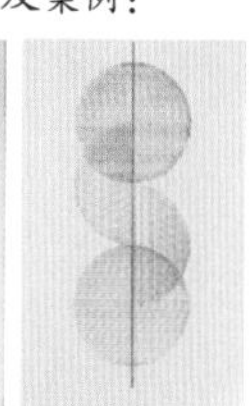
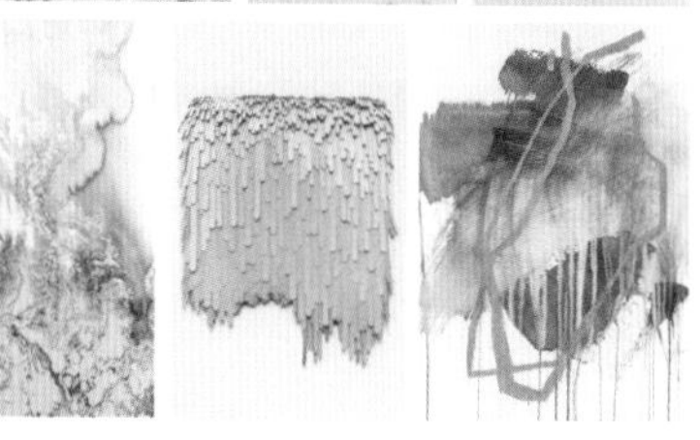

通过调研面料的二次创作，现今设计师常用的手法有抽褶、打破、折叠立体、镂空再填充、二次拼接等，对传统面料进行二次创作时利用加法、减法、变形等方式，改变材料原有的外观形态，使其在肌理、形式或质感上发生质的改变，实现将原来平坦、单一的外观形式改变为多种全新形态，赋予材料以新面貌、新特征、新风格，使它成为一种具有律动感、立体感、浮雕感的新型材料。

6.2 设计草图

整合信息是一个思维过程，是设计表现的基础。

服装设计创作前期经历了大量的思维活动、设计实验等丰富的过程，并得到诸多阶段性成果；设计后期在某种程度上就变成了选择和组合。通过整合全局信息，做出最优的抉择，通过各种设计表现手段来绘制草图。

从表现手段上来说，根据个人习惯和创作需要可以使用传统的手绘和数码设备绘制草图。传统的手绘使用纸笔就可以随时随地进行绘画，非常自由地表现创作构思。但目前使用最为频繁的平板电脑或专业手持绘图设备则大有替代传统纸笔的趋势，除了和传统手绘一样很方便绘图外，平板电脑更为便利的优势在于草图的分类、后期处理和色彩表现等。

草图表现阶段，尽可能采用正面直立的人体动态姿势人模进行绘制。正面人体动态的优势在于没有复杂的透视，画出的款式直接明了，背部设计也可以通用，一些特殊部分，如侧面设计，单独绘制就可以。当然在后期效果图正式绘制的时候，还是需要根据主题选择带有一定动态的人物模型，从而更好地表达主题内涵和情绪，以及设计者的个人理念和综合表现能力。

在草图绘制过程中要注意的是，首先一定要明确服装设计草图不等于时装画，其重点落在服装的效果上，要表达出设计意图。不少同学有一个误区，草图创作阶段以时装画的表现形式来绘制草图，过分强调人物和线条的美观，而忽略了服装设计本身。这个阶段建议多观摩和学习不同设计师的草图，他们在表现阶段非常自由、奔放，充分释放自我的创造力，通过设计草图可以强烈地感受到他们的这种创作心态和感染力。所以说设计草图其实也是设计师个性的一种展现，是呈现个人风格和理念的途径。

草图绘制时一定要运用空间思维能力和想象力，在绘制平面画稿的同时感受和想象填充形、色、材质的服装空间形态，这样更能赋予设计草图以创造性、合理性和生命力。

此外，草图不能仅理解为用传统的纸、笔进行呈现，其还可以采用拼接等多元化的表现手法，也可以和三维设计实验相结合进行交互表达。

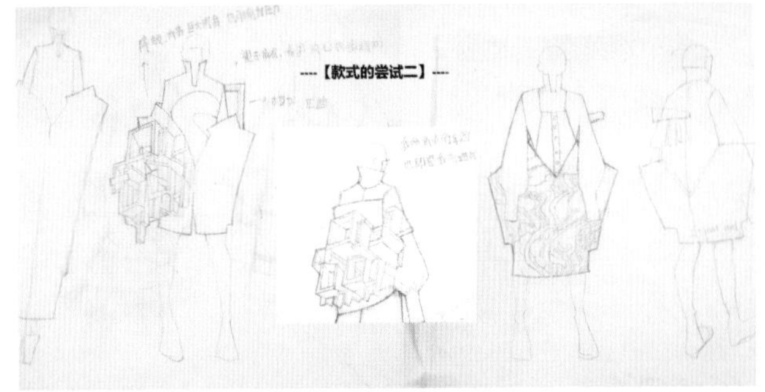

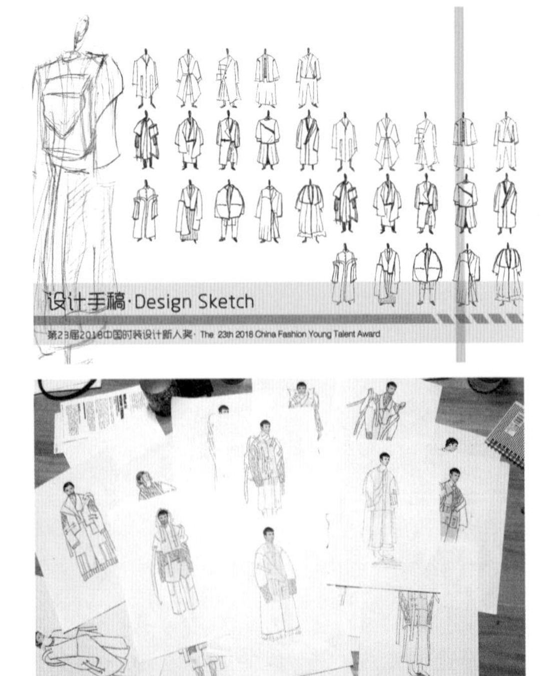

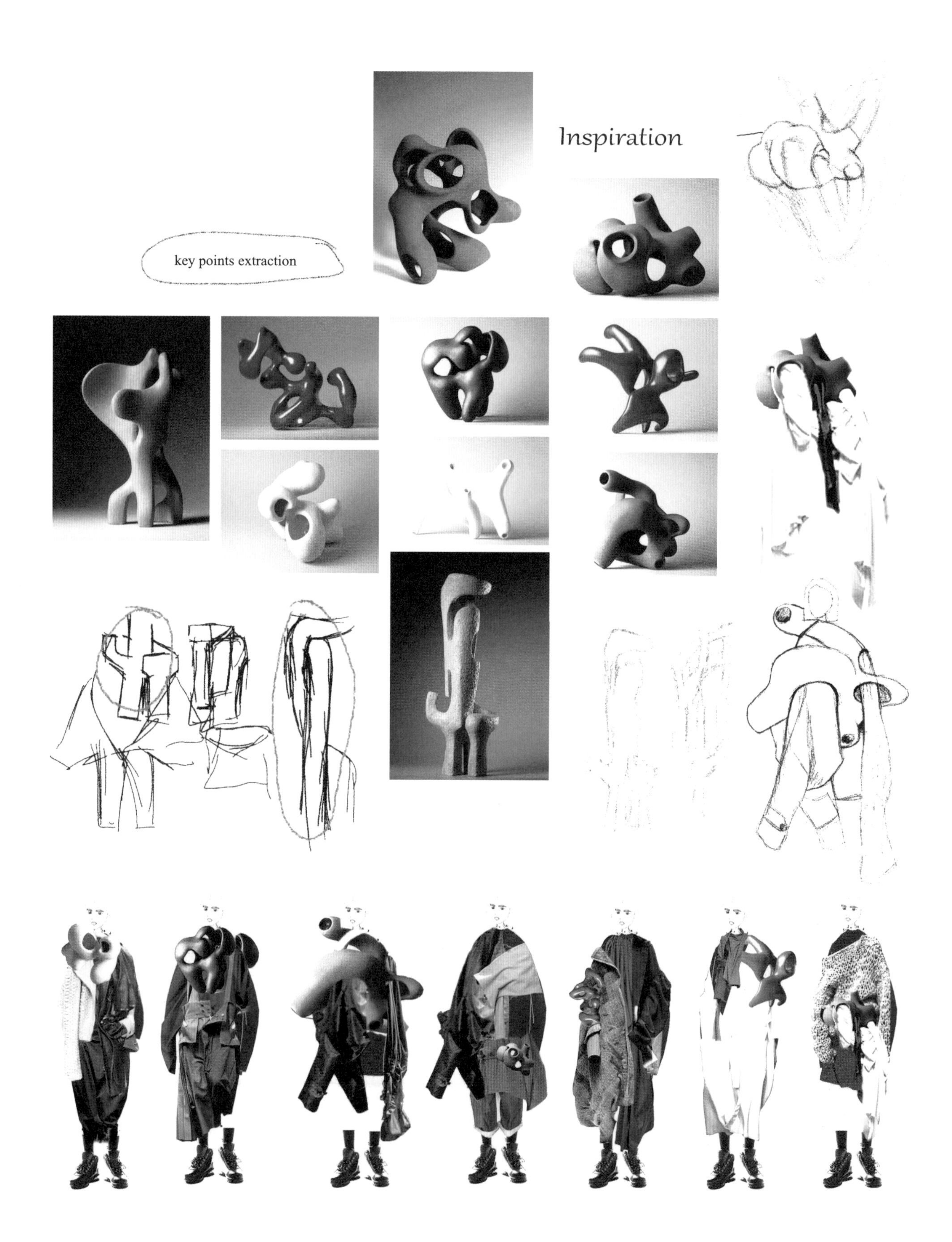
Inspiration
key points extraction

6.3 系列拓展

在统一的主题内涵和风格下，运用关联或类似的廓型、结构、色彩、面料、图案等服装语言设计出的服装产品，能够使人感觉到强烈的亲密性，可称为系列服装设计。商业设计中，通过一定的设计法则和美学原理集合起来的系列服装，能更好地展示出某种风格和审美观，体现设计师的设计理念或品牌的时尚观，这样即使不依靠其他说明也能被消费者辨识和喜爱。

在系列设计中，单套服装与多套服装相互联系的关系中必定有着某种延伸、扩展的元素，有着形成鲜明的系列产品的动因关系。因此每一系列服装在多元素组合中表现出来的秩序感与和谐感的美感特征，是系列服装的基本要求。系列服装的规模和数量的确定，取决于设计任务的需要、面料提供、展示环境、构思设想、创作情绪，以及设计过程中的偶发因素等。如在进行个人的毕业设计创作或服装大赛时，一般要求制作多套成衣作品。而服装企业的季度服装产品规划的每个系列数量都远远大于学习过程中的套数，但具体需要根据已做好的产品企划案来执行，根据不同主题、品类、主打系列等来执行。

系列拓展设计阶段，对色彩提案应用到款式设计上进行验证是很有必要的，当然在草案阶段一样可以尝试上色。传统表现推荐淡彩和马克笔两种方式。它们的色彩相对比较丰富，能够快速表达出创作构思的目的。相对于单个款式，针对系列设计整体的色彩提案应用在实际操作上是复杂和困难很多的。推荐一个方法，就是把确定好的系列设计线稿复制若干张，然后进行不同方案的配色，最后再进行选择。此外，通过数码设备操作的步骤是一样的，数码设备的优势在于操作的便利和快捷、配色方案可更多样，以及还可以直接把材质贴图到线稿上，这是传统手绘方式所不能及的。

系列设计的重点是强调系列设计的技术要点，而非系列设计的产品数量。如果掌握了系列设计的精髓，产品数量其实是将众多的设计元素进行不断组合、延伸和拓展，再在众多设计草案中进行筛选而已。

6.4　设计提案

设计提案是指根据项目的具体情况和要求，以及存在的问题，基于现状提出解决思路并做出预期设计方案的产物。提案不是最终的解决方案，主要是展示思考过程，对意向方案高度概括，化繁为简，直指关键，给予受众或委托方预期性的结果，因此提案经常包含几套预案或草案。

提案需要回答很多已知和未知的问题，不仅是面对委托方，更是促使设计者的创作更深入和更合理，比如：

为什么要这样设计呢？

这个想法有什么依据呢？

方案好不好实施落地？

细节是否符合消费者习惯？

……

设计提案必须在研究分析项目背景、现状、需求等一系列问题的基础上，有逻辑、有依据地进行输出。所以设计提案就相当于是对当前项目需求的解答，环环相扣、步步推理，最终得出合理的结果。设计提案的核心在于沿着服装主题属性展开调研，从调研得到的素材中提取可用的设计元素和服装形态，严格遵循其内在逻辑，从而紧扣主题内涵，保证各提案的完整性和一致性。

造型是服装款式的基础，主要通过廓型和结构来体现，当然必要的细节和局部设计是必不可少的。服装设计中材料提案是相对复杂和困难的，需要建立在对材料性能的把握和一定的实践经验之上，同时结合材料的再创作；色彩提案相对造型和材料而言要容易些，在实际运用中应更多结合材料进行。此外，根据设计需要，图案和服装配饰等也可单独形成提案。

学习过程中的服装设计提案，既可以按照造型、色彩、材料、图案等分类进行提案，也可以整合设计构思和分类提案进行完整的提案，具体情况根据项目需求和规定决定即可。

（1）色彩

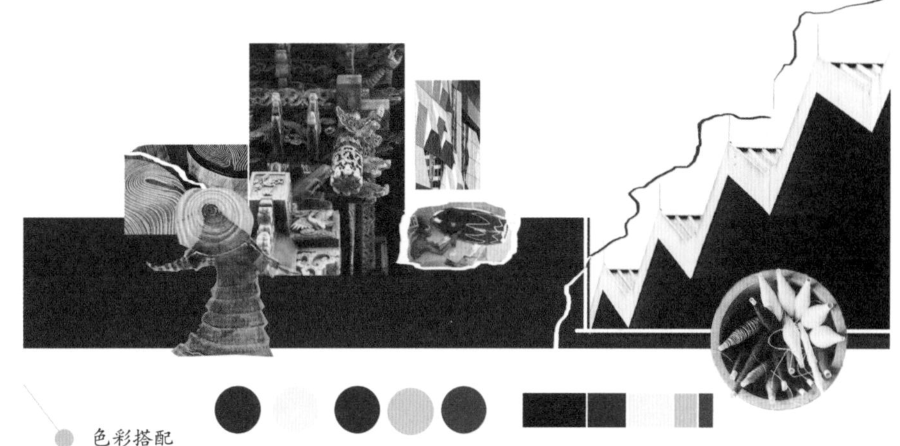

色彩搭配
COLOR COLLOCATION

结合流行趋势从素材当中的建筑、小手工艺品以及木雕的原材料中提取颜色并对色彩比例进行分配。

（2）图案

将提取的元素打散、变形，再重新组合形成新的图案或肌理，运用面料再造结合图案印花，突出立体与平面的对比。

（3）面料

提取抽象木材线条元素，大面积采用毛织手法，结合纱网、牛仔等面料，将元素图案与面料肌理完美结合，工艺上采用手工大棒针配合压花、数码印花、钩针等工艺，增加手工感与立体感，突出立体与平面的对比。

（4）款式（廓型）

挑出素材中的廓型、结构放在人体上，再进行调节，组成服装廓型，廓型明确后，再进行下一步结构设计。

（5）款式（结构）

“文禽武兽”

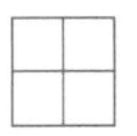

“文禽武兽”一语来源于明代官员的服饰制度。据史料记载，明朝规定，文官官服绣禽，武官官服绣兽，本是地位与财富的赞语，颇有让人羡慕的味道，而后被化为贬义，被用来形容虚有人的外表，行为却如禽兽。然而“岂有自古以来，用此等衣冠之人皆为禽兽可乎”。

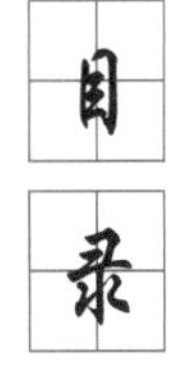

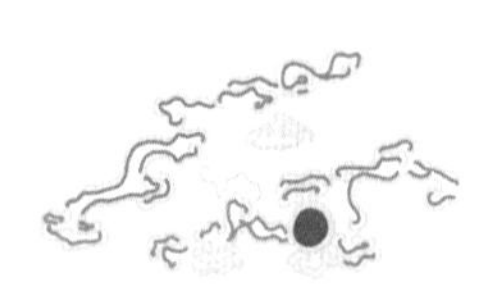

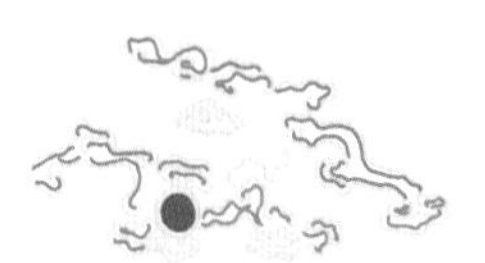

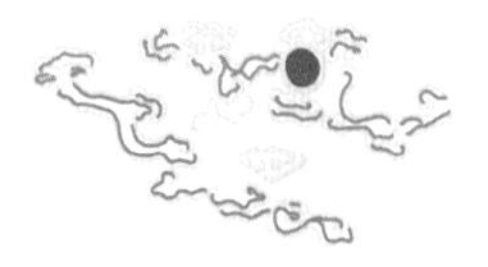

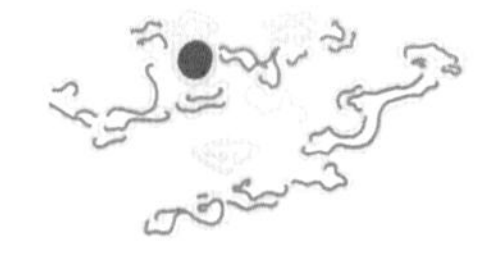

（1）项目分析

【关于大赛】

【名称】：“传承匠心·第二届中国华服设计大赛”

【主题】：“传承匠心·新兴华服”

【目的】：以精致匠心传承中国传统服饰文化，致力于复兴中国传统手工艺，倡导华服回归现代生活，培育文化创意产业新力量，开辟中西时尚文化“新丝路”。

【主办方介绍】：“传承匠心·第二届中国华服设计大赛”以赛事为平台、以服饰文化为主题、以纺织服装产业为基础、以服装设计为手段，汇聚“名师”“名品”“名企”，共同扶持中国设计力量，助力中国品牌发展。

【参赛作品要求】

1. 符合大赛主题的华服设计系列作品（3~4套）；
2. 参赛作品必须是本人未公开发表过的个人原创作品；
3. 具有鲜明的时代性和文化特征；
4. 风格独特、制作精细、服饰品配套齐全，注重整体搭配（鞋帽、皮带、挎包、配饰等）。

（2）主题分析

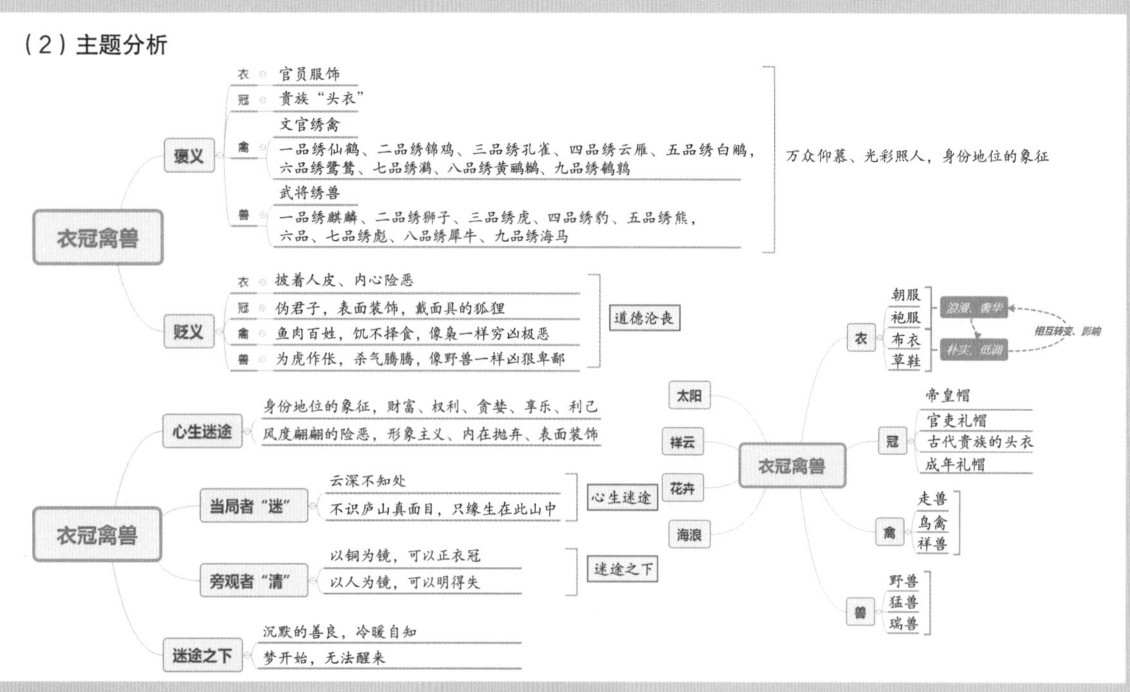

（3）素材板

（4）灵感板

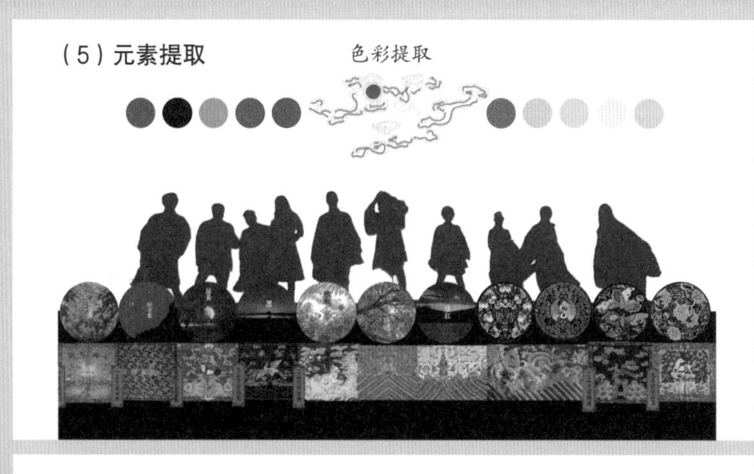

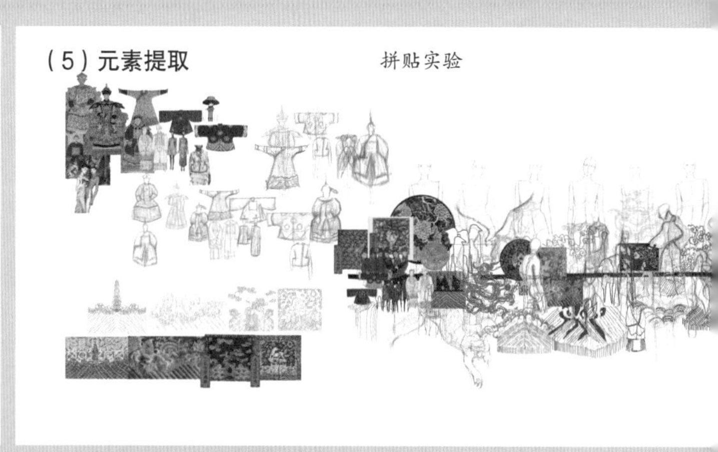

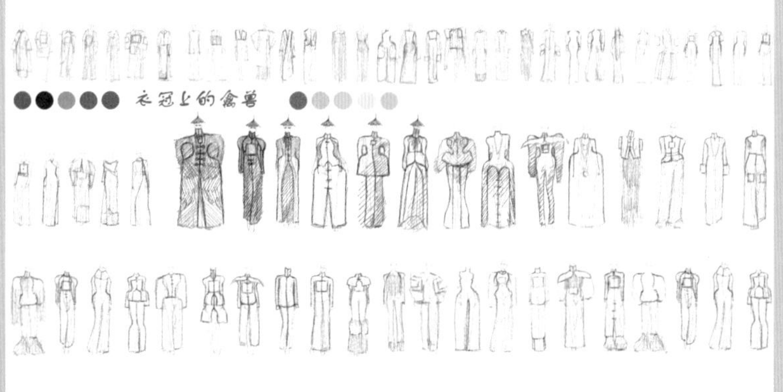

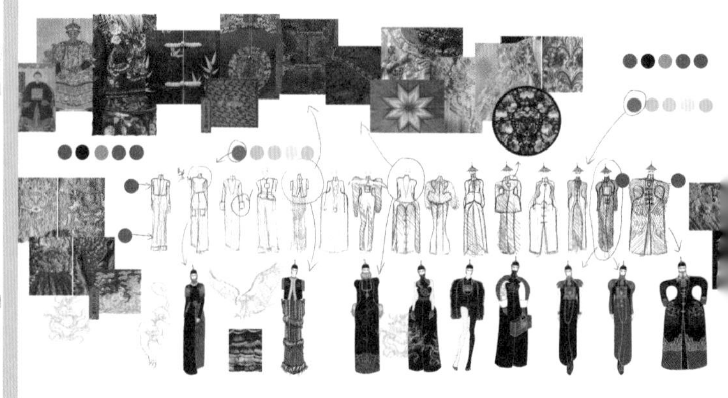

创作表现实践

经过设计发展和提案阶段，如果已针对形、色、材等做过很多尝试，那么在进行综合设计表现时，设计将演变成许多草案组合。此时绘制尽可能多数量的草图，在多个组合方案中选择最匹配主题的。

任务一：绘制廓型和结构草图

选择正面直立人体模型，利用图像软件调整成浅灰色，在 A4 页面上横向排列 8~10 个，打印或复印 4~5 页；

整合元素提取、设计实验等信息，绘制以廓型和结构为主的草图，不少于 20 套；

前期画稿虽然多为正面着手，但要从前后、左右、上下不同空间维度构思造型，即注意型与结构的延伸；

线条简洁明了，注重材料质感表现。

任务二：修正廓型与结构草图

以主题情绪板、预期效果、系列设计亲密性等为评判标准，筛选出合适的廓型与结构草图，不少于 10 套；

用粗头笔或不同颜色修正、强调轮廓和结构线，注意表现其系列感；

如果符合要求的草图数量不够，则重复步骤“绘制廓型和结构草图”。

任务三：绘制图案和细节等草图

把前期选择的人模，利用图像软件调整成浅灰色，在 A4 页面上横向排列 3~4 个，绘制 10~15 页；

把选定的廓型和结构草图重新绘制，整合元素提取、设计实验等信息，设计图案、背侧面、局部细节等，不少于 20 套；

注意前后、左右、上下不同空间造型的延伸；

线条表现简洁明了，注重材料质感。

任务四：草图筛选和完善细节

以主题情绪板、预期效果、系列设计亲密性等为评判标准，筛选方案草图，不少于 10 套。

注意：

再一次强调总是被遗忘的角落——背部、侧面等局部设计，以及前后造型上的延伸和呼应。

构成系列设计亲密性的元素在整体方案中的呼应。

任务五：设计服饰配件

设计配饰时，一定要明确配饰在整体系列中的定位，或呼应、或点缀、或强调等，这样能更好地确定配饰的位置、大小、材质等设计因素。配饰体积越大，色彩对比越强，则越要注意其在整个系列设计里的视觉影响力。

很多时候，配饰有画龙点睛的效果，同时也是呈现舞台效果的利器。

任务六：确定终稿和制作款式

按照既定的标准筛选和确定款式，但制作则要从实际角度进行综合考虑，如材料成本、制作难易度、耗费时间、工艺复杂程度等，最终才能确定要制作的款式。

创作表现实践自省

对此阶段任务的实践过程进行复盘，把过程中的所思、所惑、所得等记录于此，让学习心得和体会转化为自己的设计经验。

第 7 单元　方案实施

7.1 样衣与纸样

在使用最终确定的面料制作服装前，通常先用白坯布对所有款式进行样衣制作。坯布样衣以实物的形式表达设计师的初步构思。由于设计稿的二维局限性，加上一些复杂结构的设计，一旦剪裁后制作，很有可能会造成成衣实际效果与设计稿产生较大差异。

用坯布在人台上进行裁剪，样衣缝制完成后，通过人台和真人试穿，可以帮助解决一系列有关服装尺寸、合体度以及廓型等方面的问题。除此之外，还可以协助评估设计中的线条、比例和平衡关系，解决款式、裁剪、造型等方面的问题，评价其适体性和纸样对款式的表达是否到位。样衣试穿能够帮助设计师观察、验证和调整服装的整体造型，总结出正确的制作流程。

对样衣与样板进行优化修正，包括对用实际面料缝制的原型款的修正和调整，这也相当于进行二次创作。根据具体情况利用平面裁剪和立体裁剪两种方式单独使用或交叉使用，修正时在样衣上标记出需要修改的地方，并将其转移到纸样上，在必要的地方进行修改，这样利用二维与三维的交叉推进调整，确认成衣的造型和样板。

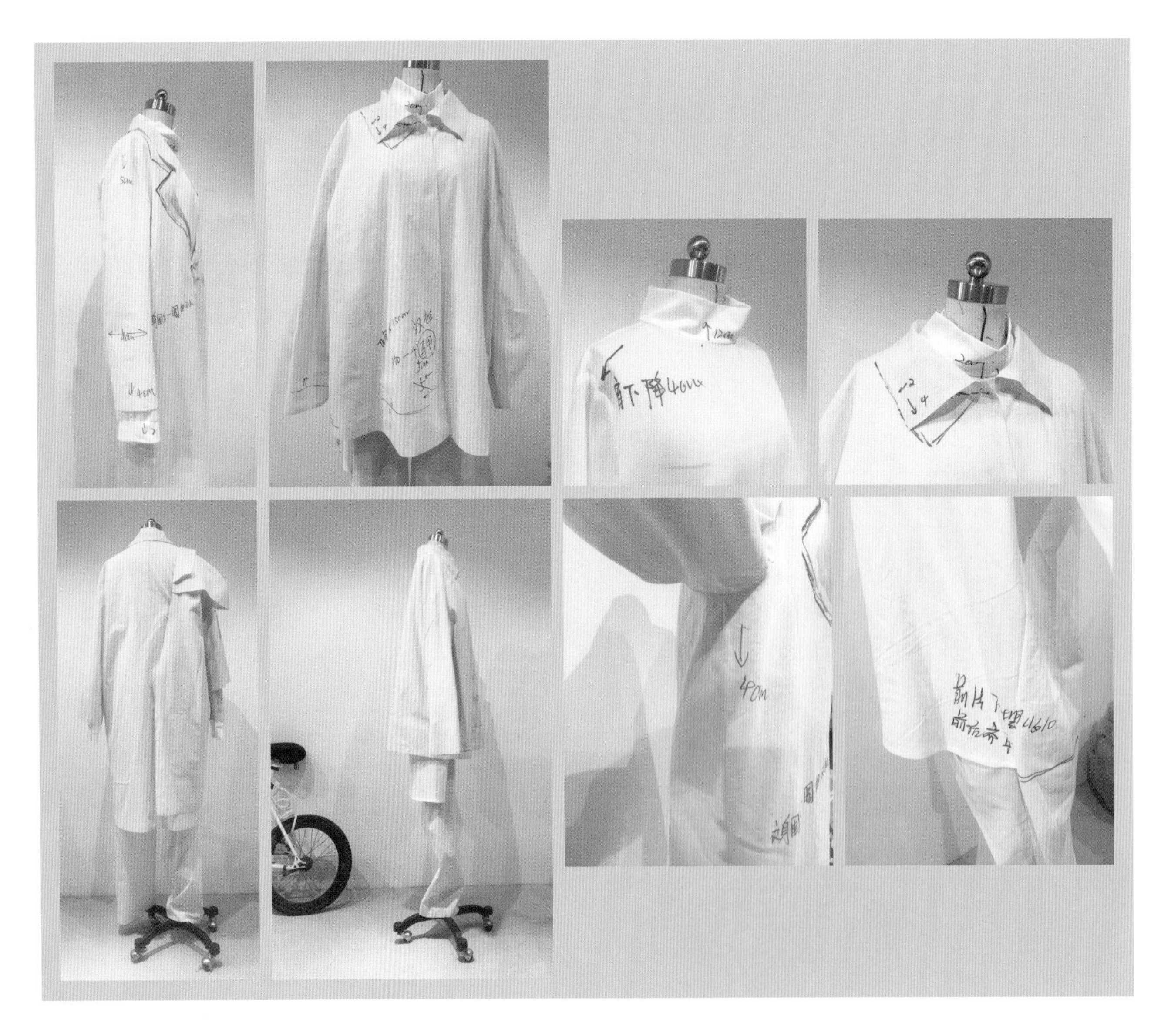

7.2　裁剪方式

制作环节首先面临的是选择合适的裁剪方式，即立体裁剪还是平面裁剪，或者二者结合的方式。如果前期已经有过针对廓型和结构、局部造型等的设计实验，那么对于采用哪种裁剪方式就应该已经了然于心。

在服装纸样设计与制作过程中，平面制板与立体裁剪各有优势。

平面裁剪和制图更侧重于对服装款式与人体关系的理性分析，可以准确快捷地得到相应服装的款式板型，是工业化服装生产中精确制板的必要方式。在平面裁剪中，要在平面构成中想象立体构成后的状态，充分考虑面料的机能和人体的形态，才能获得合适的样板。若不具备上述的条件，服装就会过于平面化，缺乏立体感。

立体裁剪则侧重于感性思维的审视，不仅是一种裁剪方法，更是服装设计创作的重要方式。立体裁剪可以让设计者直观明了地得到各式各样款式的服装，丰富服装视觉美。在立体裁剪过程中，不同的服装面料会呈现不一样的外观效果，以及随机出现的服装形态都是丰富创作的灵感，所以，立体裁剪是设计过程中一种很好的创作方式。

无论平面裁剪还是立体裁剪，都是以人体为依据产生并发展起来的，是人们长期实践经验的总结和不断探索的结晶。它们各具特点，各有所长。在实际使用中采用哪种方法为最佳，则要具体情况具体分析，看哪种方法最方便实用、最有效率以及最能达到设计效果。实践中两种方法经常交替并用，从而帮助得到高效准确的服装造型。所以，在服装设计学习的实践过程中，立体裁剪和平面裁剪两者结合更加高效、精确，同时也可以为未来服装设计逐渐转向商业化生产打下基础。

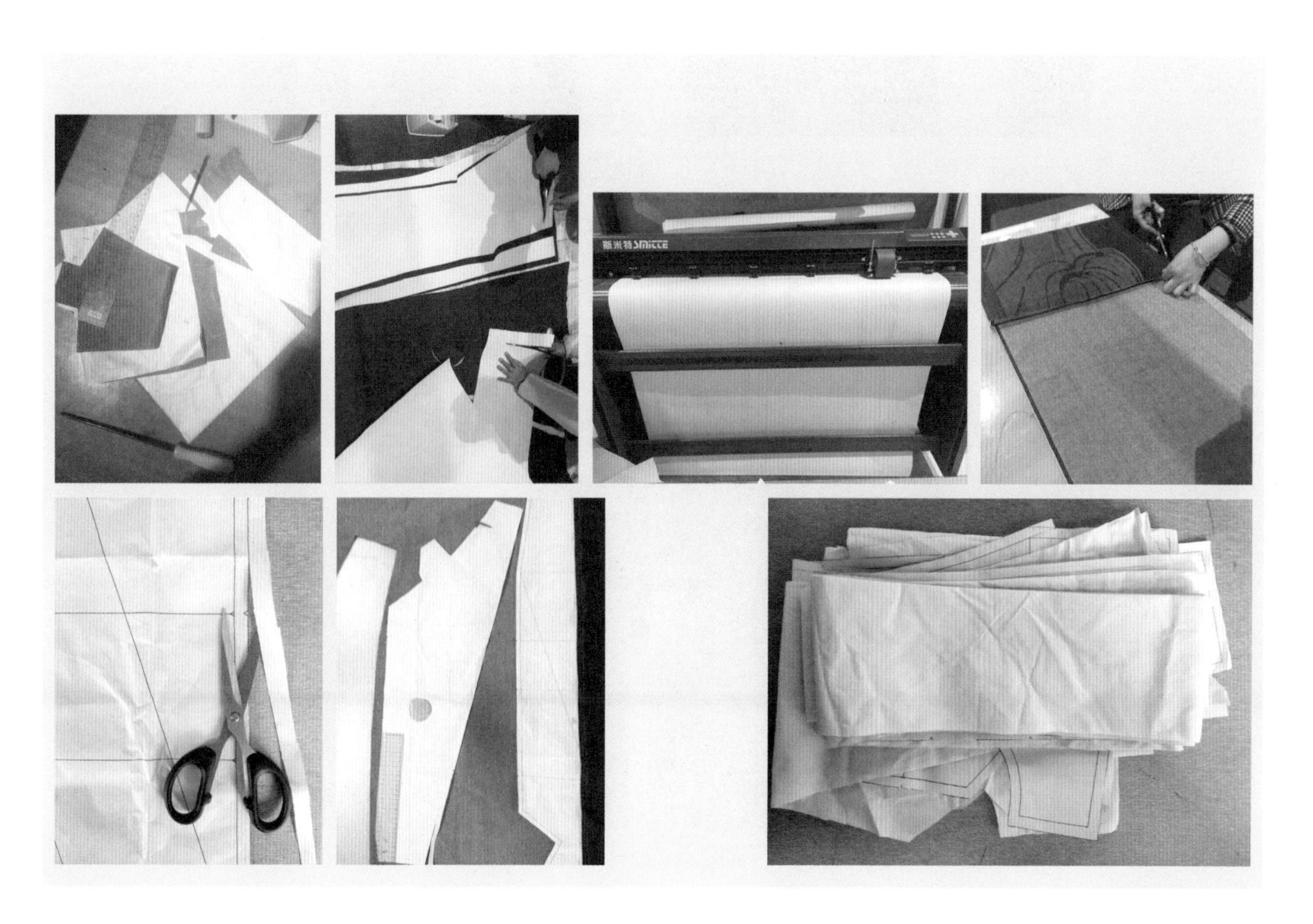

7.3 原型款

原型款的含义为验证款式，是针对定稿之后的方案选择一套服装进行整体性的验证，包括对整个系列的款式结构、色彩、材料搭配与改造、制作工艺、成本、实施难度、时间进度等进行可行性验证，通过实施过程和结果获得的经验对方案进行最后的调整，从而对整个系列设计的落地实施进行把控。

对服装设计学习者来说，原型款制作的重要性非同小可，可以说是创作过程中激动人心而又压力很大的阶段。因为原型款是设计构思、画面图稿的实物化，在实施的过程中，需要经历裁剪、制作和整理，以及配饰加工等过程，有时因为布料的色泽或肌理不匹配得花上几天的时间去解决，或为了图案的特殊工艺而跑遍周边的加工厂家……其间所获得的经验对于完成整个系列设计是至关重要的。

完整的成品制作是服装设计学习中必不可少的组成部分，是设计过程的一个重要阶段，是综合前期所有阶段实验最优选择的直观结果，意味着将研究与概念构成用创意方式转化为具体形式。通过原型款的制作，对整个系列实施完成的难度和所需时间将会有个大致的了解，同时接受他人建设性的反馈建议，从而为系列中的其他款式制作形成更好的规划安排。

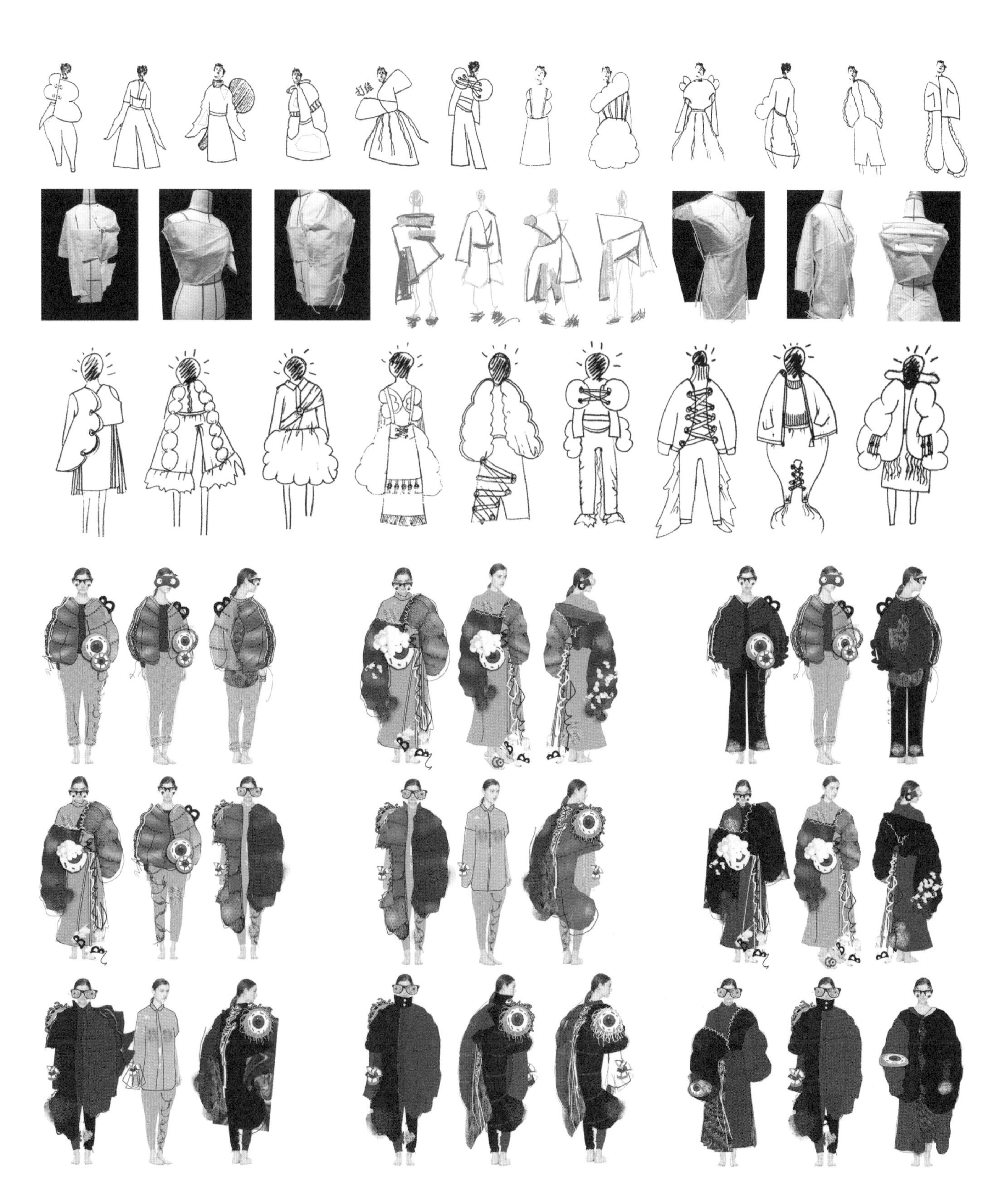

7.4 方案修正

原型款制作可以让设计者对整个系列的材料成本、工艺难度、耗费时间等有大致的了解，根据在原型实验款制作中得到的经验针对设计方案进行修正调整。

由于原型款只是一套服装的制作，与一个系列多套服装的制作还存有较大差别，所以要对整个系列其他需要制作的款式进行成本和时间上的规划，筹划整个系列的样衣及修板、面料采购与改造、制作工艺、服饰配件制作等流程。

基于成本控制和对最终效果的把控，强烈建议服装院校学习的学生在进行系列服装制作时，一定要先进行原型款的制作，再去采购其余款式需要的材料。原因在于学生在学校接触服装材料的机会不多，缺乏运用材料的实践经验，而白坯布与最后采用的面料制作的成衣也有很大差别，对于设计款式和材料之间的互动关系在制作前很难进行预测和估算。先尝试原型款制作可以帮助检验采用真实面料的成衣效果，如果面料在悬垂性、肌理、手感、色彩搭配上存在问题，还可以及时进行更换和调整，包括面料的再创作。当确定面料和款式已达到预想的效果后就可以进行材料的全部选购，这样可以避免误购风险，以更小的成本换取更好的设计效果。这也是本书强调在全系列服装制作前一定要先进行原型款制作的原因。

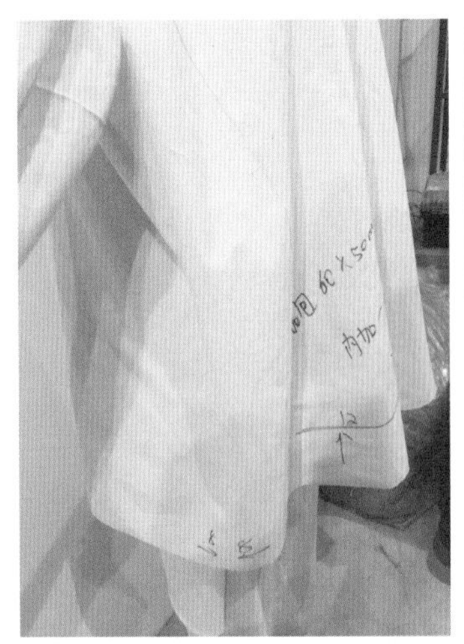

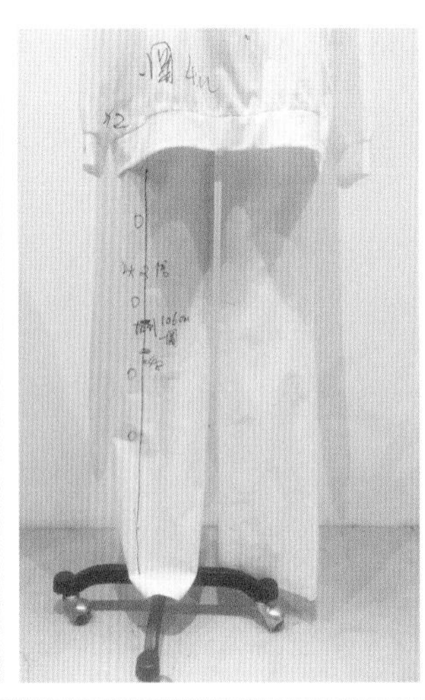

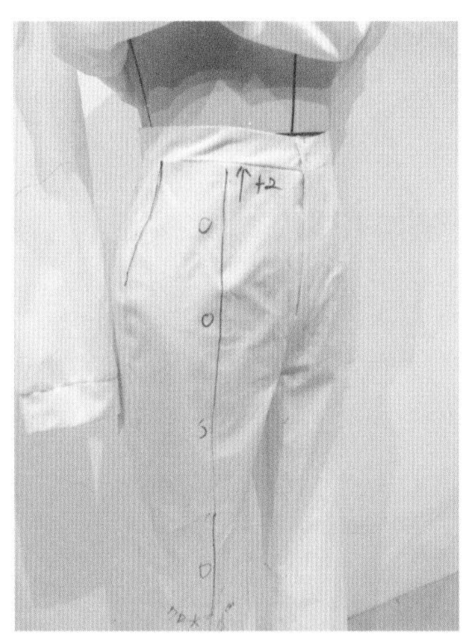

7.5 系列服装制作

对坯布样衣进行修正调整后，结合前期不同阶段的设计实验确定好最终的款式、色彩、面辅料等，就可以进入原型款服装的制作阶段。

由于成衣面料与坯布之间存在差异，因此原型款制作实际上还包含坯布和成衣面料造型效果的双重确认。实物成衣经真人试穿，观察外观合体性、美观性及运动舒适性，根据需要对先前的样板做相应的调整。对于改动较大的款式，一般需要按改动后的纸样重新裁剪、制作样衣，再次确认。

在裁剪、制作的过程中需要不断对原有的设计构思和方案进行调整，甚至是进行二次创作，以找到更加合理的设计方案。因此在大多数正常的学习设计过程中，务必要个人独立完成从设计到缝制的全过程任务，尤其是原型款制作的价值与意义是建立在亲力亲为的实践基础之上的，只有通过完整的实践过程才能获取真正属于自己的经验，同时这也是个人专业能力提高的基础。

如果服装款式的缝制存在较高的工艺要求，或者需要用到特殊材料的专用设备和专有工艺，如刺绣、皮革和皮毛缝纫、针织缝纫、特殊染色或图案印染等，包括整个方案的服装数量较多时，设计者可以酌情外包给专业人员完成。作为系列服装的设计人，在部分特殊工艺技术外包时，除了要给外包工作留出足够的时间，同时需要提供详细的制作规范，包括整套服装要用到的图案造型、细节部分的制作尺寸、特殊工艺效果要求等，如此才能让制作承接方全面了解服装成衣效果要求和各项制作细节，以及相关的后期整理工作，从而减少误解，避免出现人为的误差，且节省时间和金钱。

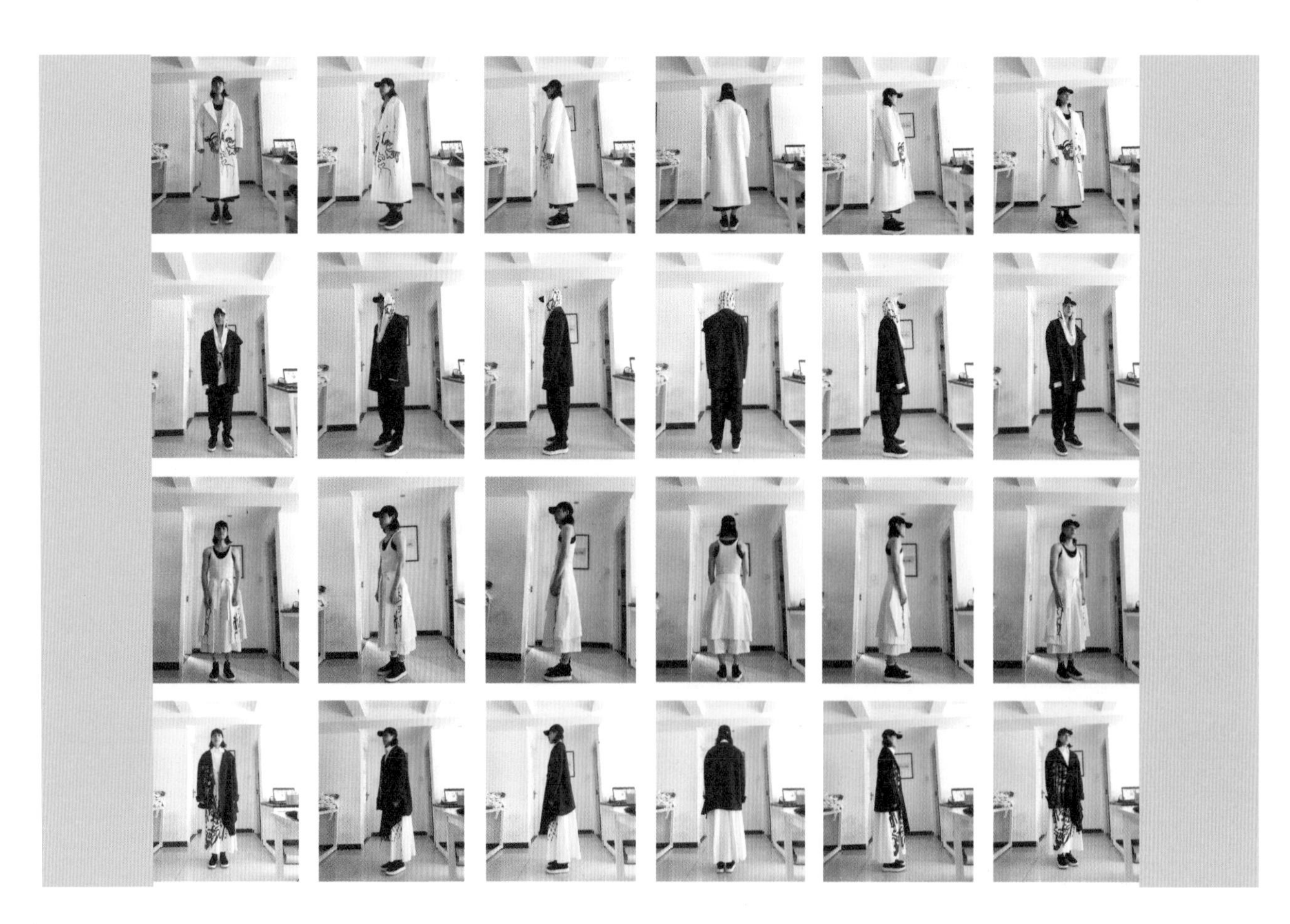

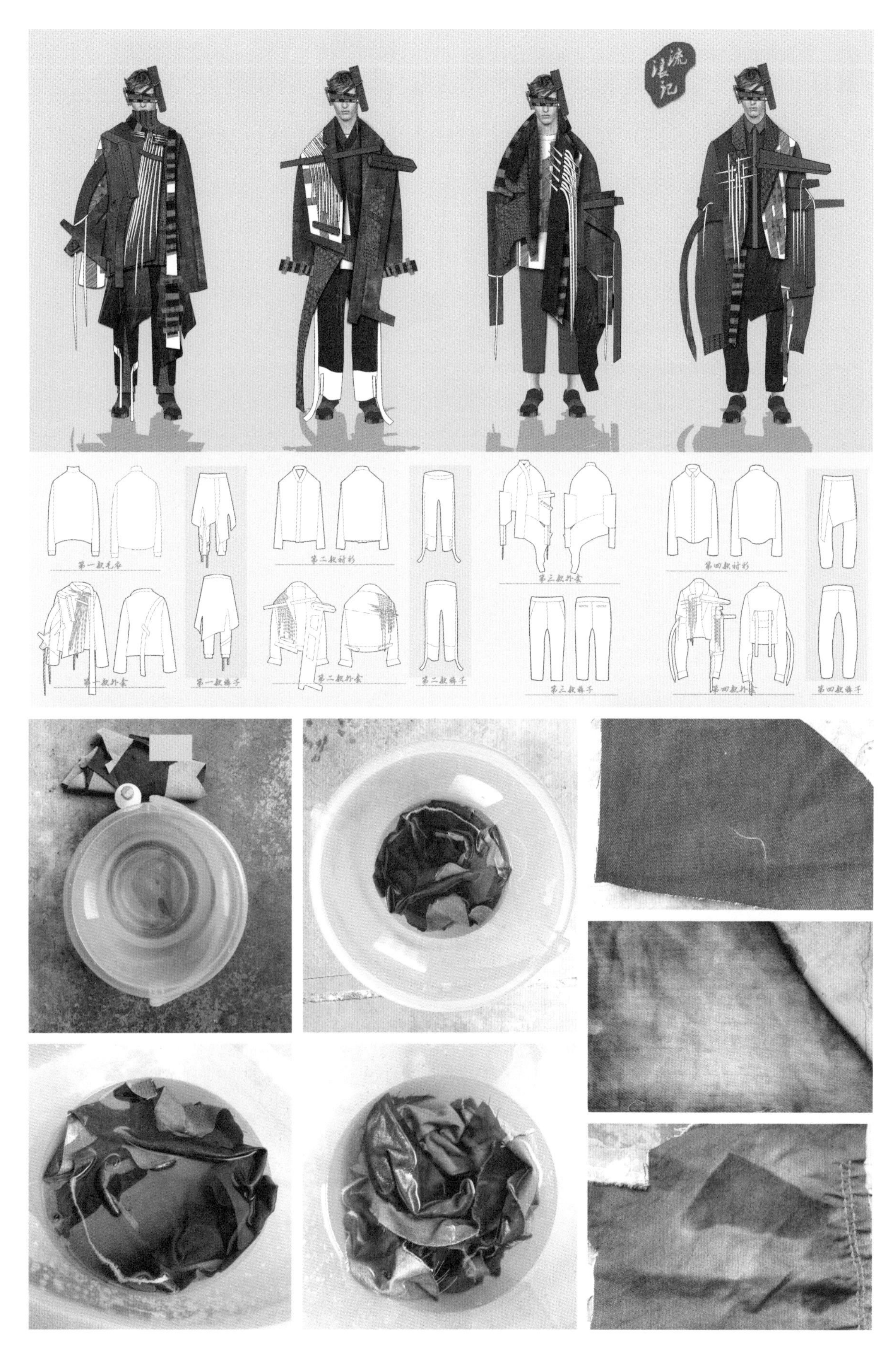

流浪记
第一款毛衣
第二款衬衫
第三款外套
第四款衬衫
第一款外套
第一款裤子
第二款外套
第二款裤子
第三款裤子
第四款外套
第四款裤子

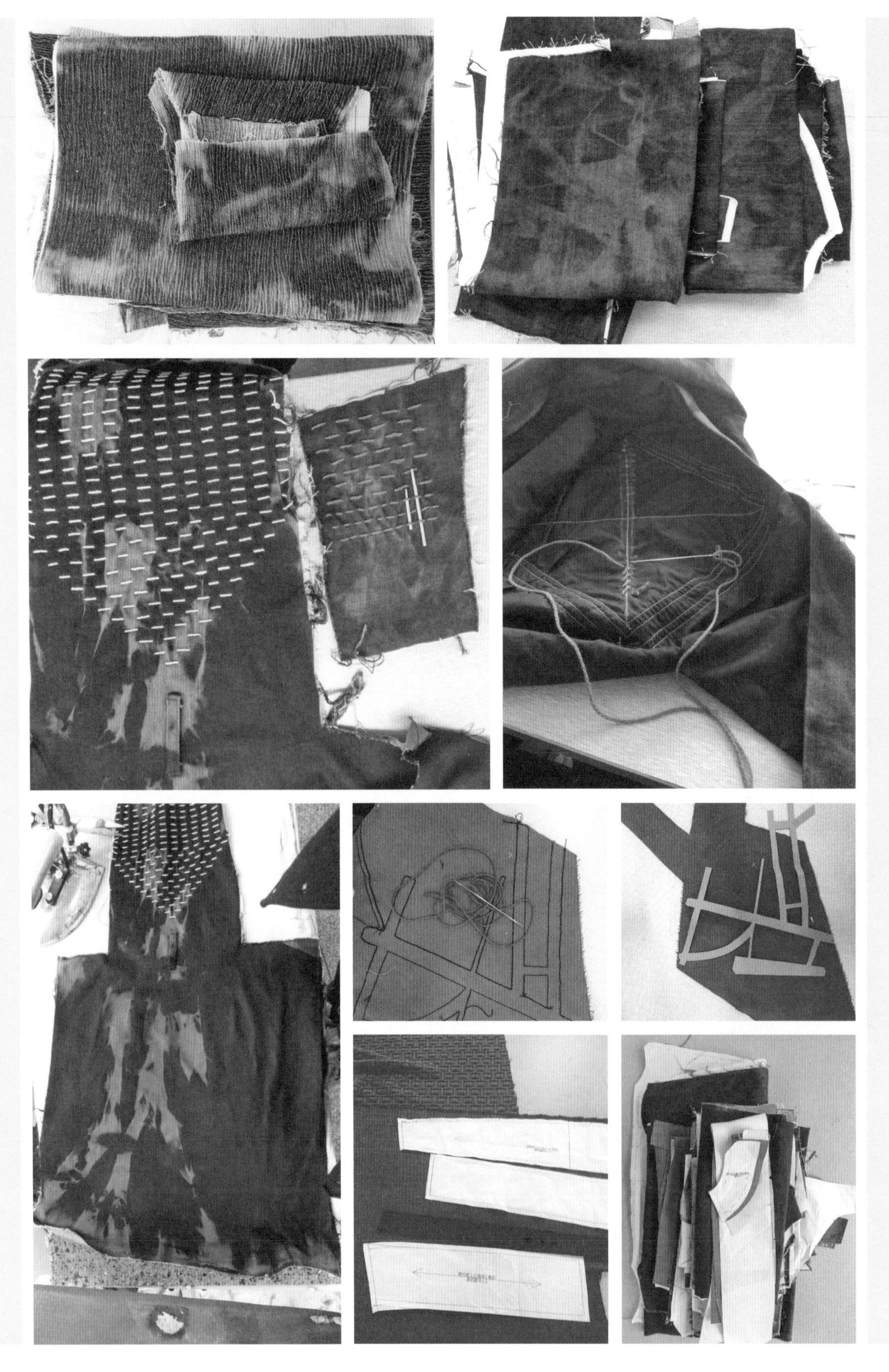

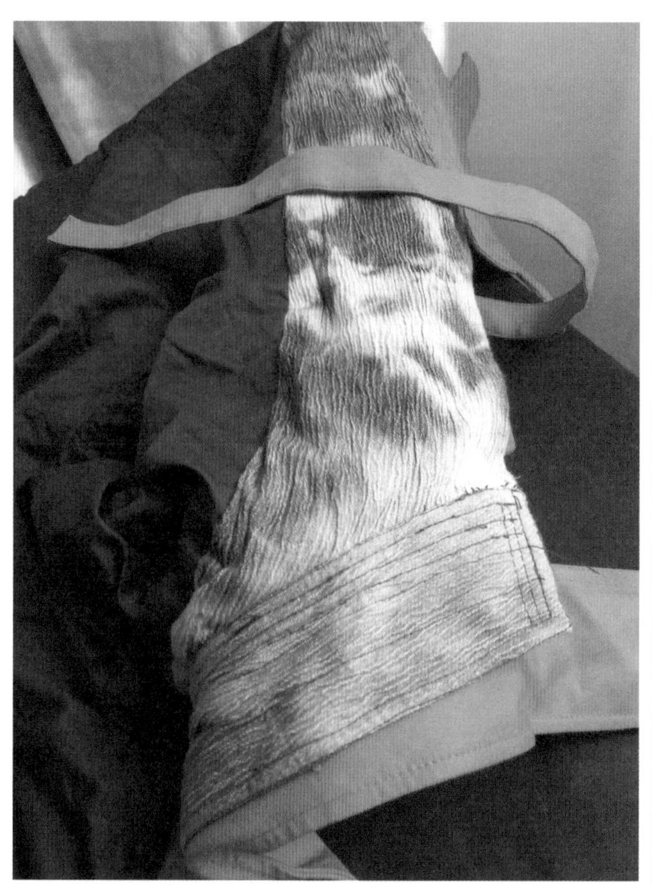

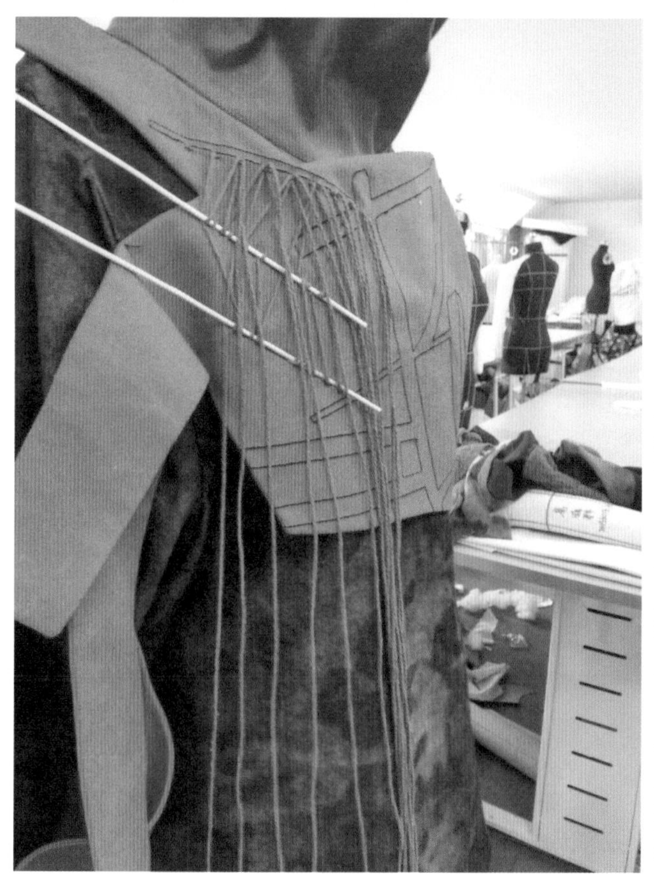

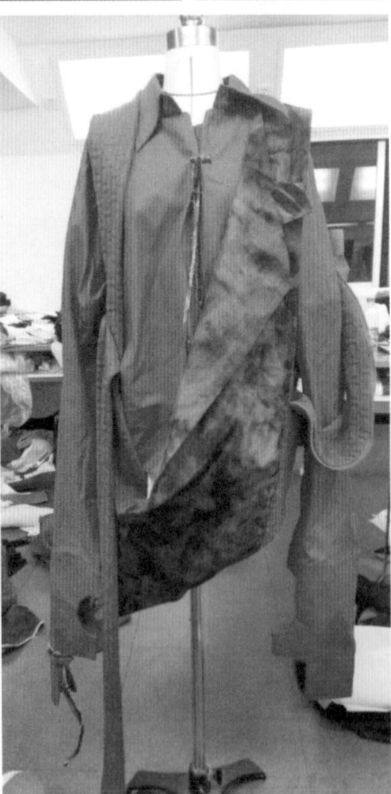

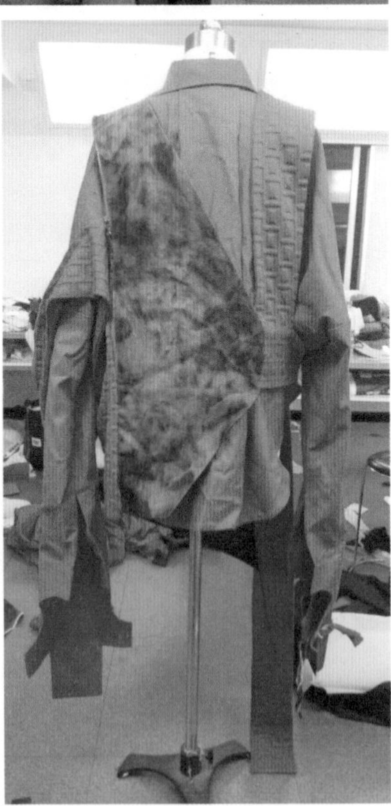

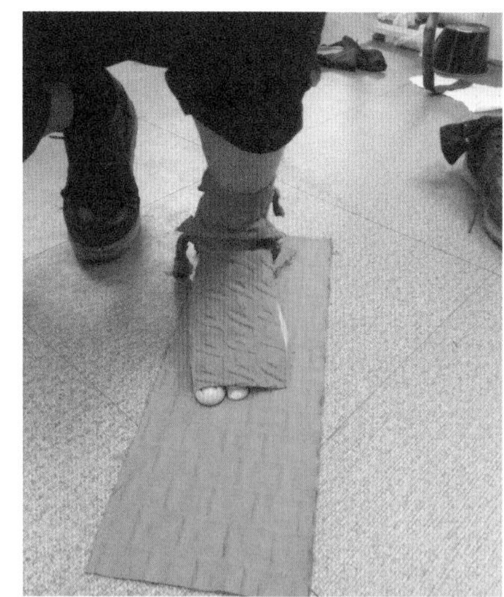

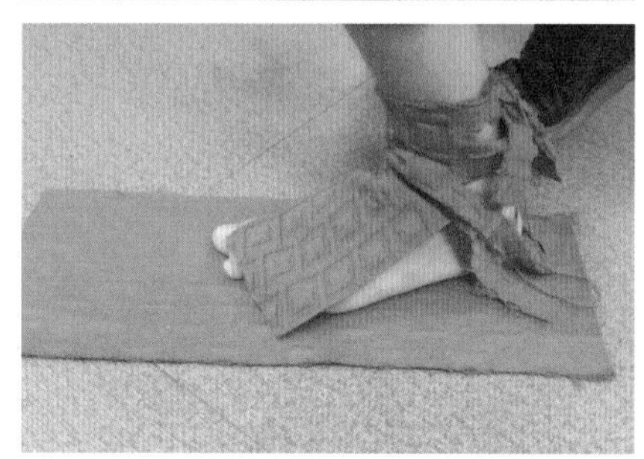

方案实施实践

服装的制作过程是一个再设计的过程，尤其是对于缺乏设计经验的学习者来说。制作阶段强调还原效果图，但是在面料搭配、整体造型把握、工艺制作等实施时包含诸多复杂性需要设计者创造性地进行处理。

任务一：原型款服装制作

综合考虑制作难易度、款式复杂度、色彩和材料均衡度等，选取一套较具代表性的服装款式作为原型款；

注意对制作过程进行影像、图文记录；

制作过程中要验证造型、色彩、面料等是否符合预期。

任务二：方案修正

原型款服装制作完成后，从整体和细节上检查是否表现主题概念、符合预期效果等；分析不符合预期效果的原因，针对性地考虑怎么解决，从而对方案进行最后的修正。

任务三：系列样衣制作

通过立体裁剪或平面裁剪的方式进行样衣制作，注意过程中的影像和图文记录。

任务四：系列样衣调整

样衣完成后，可以直接在人台上进行调整和修改；

根据实际情况，也可以通过影像记录的方式输入电脑中进行修改，然后回到实际中调整修改。

任务五：系列服装制作

按照最终方案裁剪布料，进入成品制作环节，注意过程中的影像和图文记录。

任务六：配饰制作

配饰在系列服装中的效果是一个变量，需要根据服装成品的最终效果适当调整，或呼应，或点缀，或强调，起到弥补成衣效果缺陷的作用；

配饰的材料选择很重要，同样需要根据效果来确定；

注意过程中的影像和图文记录。

方案实施实践自省

对此阶段任务的实践过程进行复盘，把过程中的所思、所惑、所得等记录于此，让学习心得和体会转化为自己的设计经验。

第 8 单元　展示与传播

8.1 展示方式

展示是手段，传播是目的。传播是通过不同媒介把作品或产品对外进行宣传和营销。通过项目开展的过程，尤其是将结果对外进行展示，从而和外界或者消费者建立某种联系，进而起到沟通和推广传播的效果。

服装展示分为静态展示和动态展示。动态展示通常表现为时装发布会走秀形式，静态展示则以时装插画、成衣拍摄、服装陈列等形式为主。二者均可通过报刊、网络、电视等媒介进行传播。

在当今网络时代，传播的途径和媒介已经大众化，不像以往需要通过传统的报刊、电视、广播等组织型机构才能实现传播的效果，现在即使是个人，就可以利用各种网络平台、社交媒体或者自媒体来宣传自身或者产品。作为一名服装设计学习者，很有必要掌握这种网络数字化时代的宣传推广工具，无论是对个体还是设计作品。

8.2　作品拍摄

设计作品全部缝制完成之后，无论何种展示方式，还是作品集制作，都需要对服装进行拍摄。根据不同目的和需求拍摄相应的照片集锦，能在不同场景下展示服装，同时给作品带来另一种视觉欣赏维度。

服装摄影以追求实际展示和传达效果为目的，注重实效性，必须清晰、准确、富有创意地传达服装信息，其评价标准虽然也重视思想性和艺术性，但更多的是要考虑其商业实用性价值。与服装摄影不同的是时尚摄影。时尚摄影不仅展示服装，还包括展示其他时尚物品，其最常见于广告或时尚杂志。时尚摄影有着自己独立的审美方式，不仅表达对时尚潮流的理解，更隐含着对当下社会种种生活方式的诠释。很明显，两种拍摄方式无所谓优劣，只是根据实际需求来确定而已。

制作展示作品集既可以在摄影棚拍摄，也可以进行外景拍摄。两者相较而言，外景拍摄效果更好些，因为可以选择有助于烘托形象的环境，而摄影棚拍摄组织起来更加方便。由于每次拍摄的时间有限，所以需要做好很多前期准备工作和应对意外的措施，包括模特、化妆、着装人员等一系列琐碎而又必须的事务。

服装摄影中模特的作用很大。拍摄的目的是什么？如果单纯是为了表现服装，那么模特是载体；如果是为了强调生活方式或某一场景，则模特是主角。这里选择的标准需要结合设计师的创作理念，或服装风格，或品牌调性等因素。时尚摄影不仅是拍人，还要在画面中将要表达的搭配指引、生活方式等说清楚，这就需要摄影师对流行文化的认识足够深，能把这些元素和拍摄目的表现在画面中，从而表达出某种生活方式和意境，这种感觉可以是来源于品牌文化，也可以是服装主题概念的表达。

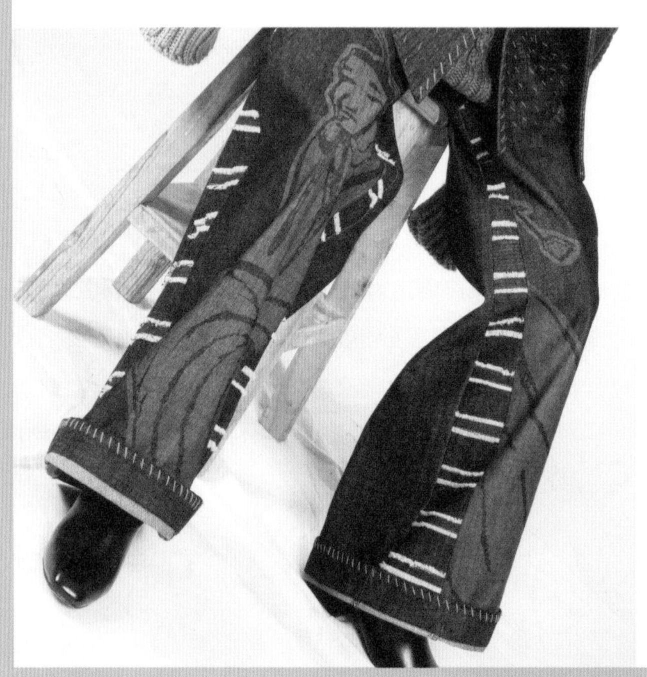

回归

8.3 方案呈现

根据课程安排、比赛规定、甲方需求等不同要求，服装设计方案通常的表现方式有效果图、款式图、草图、成衣照片等，在企业生产的过程中还包括工艺单的制作。

比赛通常需要时装设计效果图、款式图、主题说明、面料实物小样，有的还需要给出设计提案。例如中国服装设计师协会每年针对服装专业院校毕业生举办的中国时装设计“新人奖”，通常作品要求如下：

20XX/20XX秋冬成衣流行趋势提案（男、女装各一系列）：

流行主题——流行趋势主题预测分析（图示）；

色彩——主题趋势下的色彩倾向（图示）；

面料——主题趋势下的面料特征（图示）；

款式——主题趋势下的成衣款式设计，每个系列3~5款（图示及面料小样）；

服饰——主题趋势下的饰品组合（图示）。

要求图纸尺寸统一采用27cmx40cm，面料小样规格统一采用6cmx6cm，“图示”内容用彩色效果图表现（技法不限，请勿用轻型板）。

因此，项目方案的整体表现可根据不同场景和情境来决定，有的强调设计前期的纸面方案，有的强调设计过程，有的着重点在于服装的成品拍摄。除此之外，最终的展示方式和载体很有关系，如果是通过PPT演示和展板展示，编排上就要考虑内容和形式如何结合才能得到更好的展示效果。

小丑
Clown

设计说明：

本设计主要运用“小丑”的各种元素，以最具代表性的O型和H型为廓型，采用太空棉及毛料，在材质上形成对比与统一，同时局部运用手绘方式进行面料再造，从而塑造幽默欢快的整体氛围。

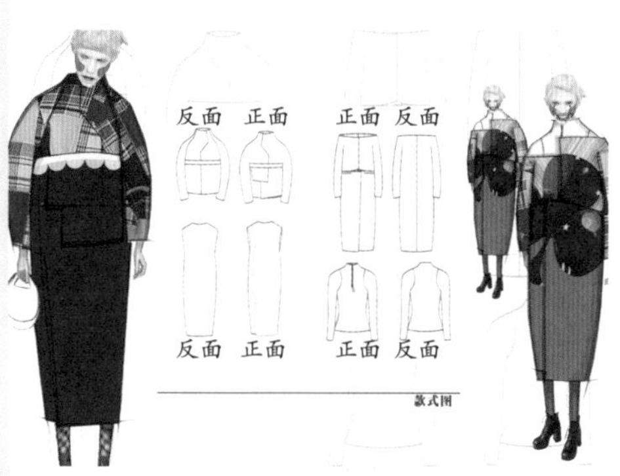

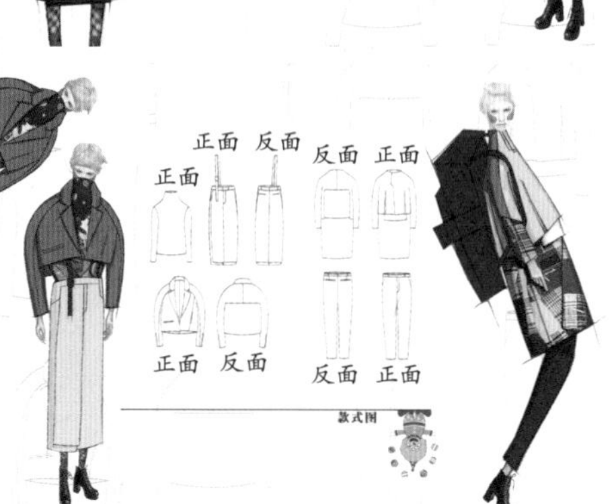

主题诠释：

Rebel

面对他人的眼光，选择有些人渐渐学会伪装，选择忽略内心的感受，害怕别人的“异样”眼光，最后变成一个没有灵魂的牵线木偶。

请尽全力去追寻自己所期望的样子，不惧怕别人的眼光。

2018–2019秋冬 成衣流行趋势提案

2018-2019 A/W Proposals For Fashion Trends

男装

Men's Wear

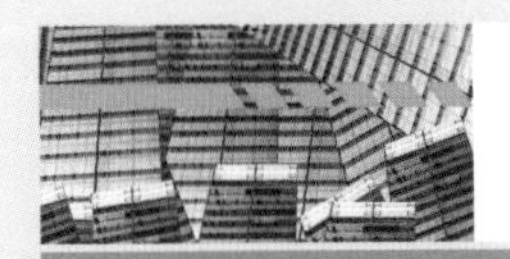

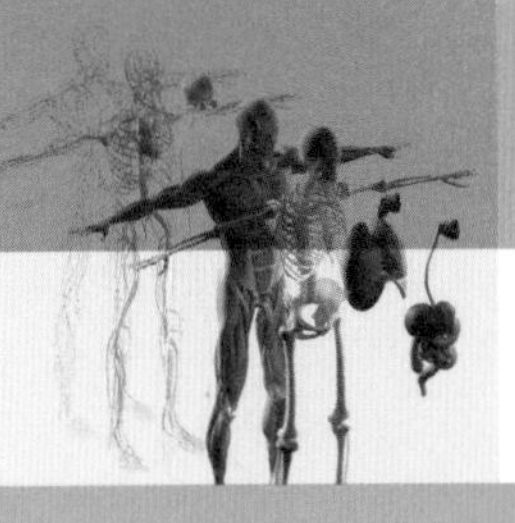

解构

解构能带来很多新事物

很多事物也需要从解构的视角来看待解构后的结果

很多是我们意想不到的

服装更是如此

第23届2018中国时装设计新人奖

男装·主题趋势下的面料特征

主题趋势下的卡通印花面料可为中国风服装带来新感受。

第23届2018中国时装设计新人奖

男装·流行趋势主题预测分析

通过对2018~2019秋冬男装流行趋势主题的预测，此次男装流行趋势以中国风服装风格为主。在中国日益繁荣的同时，中国风服装对时尚的影响也越来越大。

服装以中国风为主，同时运用卡通游戏印花图案，增加趣味性。服装款式以中长款为主，面料多轻薄透气。

第23届2018中国时装设计新人奖· The 23th 2018 China Fashion Young Talent Award

MEN'S WEAR LOOK 1　MEN'S WEAR LOOK 2

第23届2018中国时装设计新人奖· The 23th 2018 China Fashion Young Talent Award

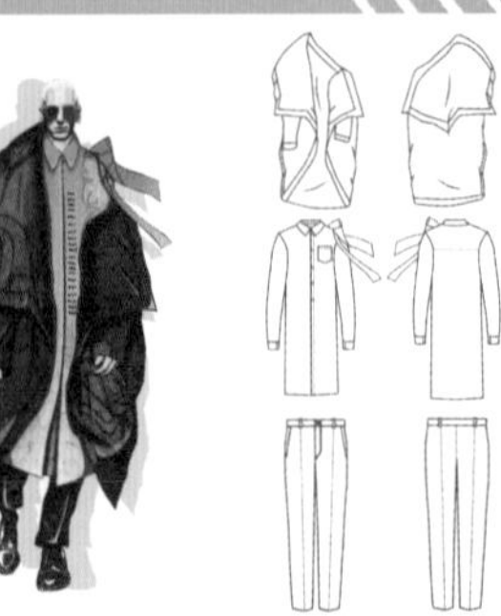

MEN'S WEAR LOOK 3　MEN'S WEAR LOOK 4

INSPIRATION

春运，心的启程，亲情的归程。

春节回家，等待一张车票，等待回家的列车，等待和亲人见面。在春运的高峰期，火车延误是常见的，而很多归心似箭的人在列车开车前甚至前一天就聚集在火车站广场。人们等待着驶向终点站的列车，回到心的终点站。

廓型

蜿蜒的铁轨
乘务员的大衣
工人宽大的工装
塞满的行李箱
行驶的火车头

元素提取

一张回家的火车票
火车站
连接铁轨的螺丝
纵横交错的铁路网

色彩

给人密集感的黄色斑点南瓜
火车皮的黄色条
结合流行色

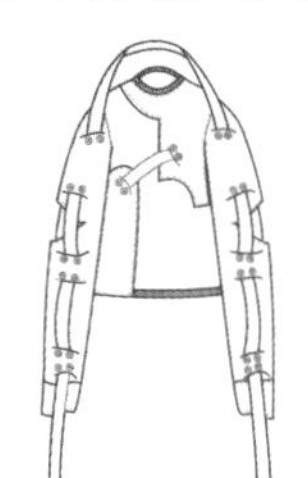

8.4 作品集

作品集是综合了多个案例的设计过程和结果的一个纸面写照，包括大量的过程记录照片和文字注解。作品集能够让观者直观地了解设计者的艺术风格和工作方法。个人作品集已成为企业招聘和学校招生筛选符合要求的人才最重要的一个参考。通过作品集可以了解设计者的独特理念、个人风格和创新能力。精湛的作品集制作技巧，能体现出设计者对专业知识的理解、实践操作能力和文字表达能力，以及一些基本的办公软件和绘图软件运用能力等。

优秀的作品集在展示自己才能的同时也能让观者清晰地知道所要表达的设计理念和内容。而有“故事”的作品集是更加吸引人的。作品集是由大量信息片段组织而成的逻辑组合体，正确的做法是根据设定的“故事”，从合适的作品及设计、制作过程中有针对性地挑选内容，并选择适当的表达方式和组织方法。

无论是企业求职，还是研究生面试，或者毕业后计划出国深造，目的不同的作品集所对应的内容和侧重点略有不同，但总体的主要内容基本上都是强调作品设计过程、个人设计理念、设计结果表达，对“为什么”和“怎么做”的问题给予充分的解答，以及对如何把概念转化为视觉信息，如何抓住设计任务问题的本质等这些重要的设计思维过程进行文字解析。

一本经过精心雕琢的作品集本身就是一个设计作品，其综合了设计者的风格、色彩搭配、版面设计、文案写作、软件应用熟练程度等方面的信息，反映出设计者对设计的理解和综合掌控能力，足以让观者从中全面了解到其以前所取得的成就及今后发展的潜力。

本书是针对一个项目而写成的相对完整的设计流程辅助创作手册，建议服装设计学习者尽可能按照本书的创作流程和方法进行几次系统的训练，培养设计思维的同时体会服装设计创作的精髓，在此基础上融入自己的理解和经验，形成独特的创作风格，这正是作品集呈现的关键所在。

你们眉飞色舞，喜笑颜开
我，看见了
但不好意思
上帝对我的世界按下了静音
我听不清你们的言谈
是的
我听力有缺陷
不止一次地想
为什么是我
我为什么不能和其他小朋友一样
这个问题一直住在心底
我第一次看了电影《漂亮妈妈》
心里的委屈像洪水一样涌出
因为我能感受到电影里的一切
对声音世界的好奇
生自己的气，不愿与人交流，受到排挤
异样对待后的恐惧
当然还有妈妈的爱
妈妈让我上普通学校
她觉得我的听力缺陷是可以克服的
不应该因为这一点
而不去追求世界的美好
现在的我很好
像妈妈爱我一样爱着自己

Un1que|U

原英文 Unique
译为独特的、
独一无二的
后加U也就是
你的意思
i与1形似
Un1que|U
独一无二的你

从小就特别不喜欢带有蕾丝、泡泡袖的公主风。
每次看到有哪些小男孩穿的酷酷的风格，自己就羡慕得不得了。

设计师本人

宽松、简洁、干净、舒服，
在女装设计上运用男装元素，
张扬、个性十足
自然流露出中性风格的强大气场。

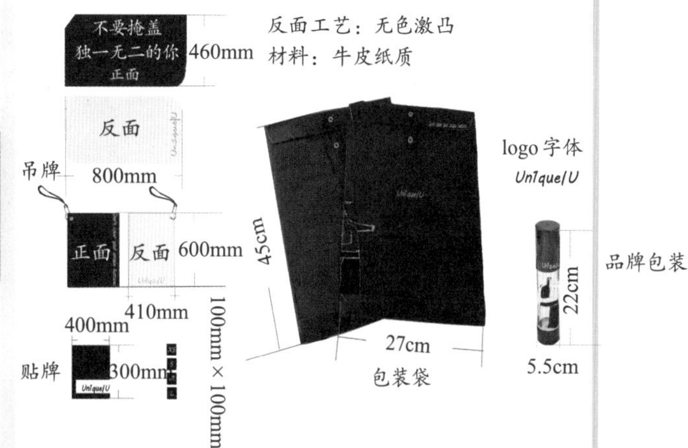

STYLE
CHARACTER
风格特征

Un1que|U

在这个潮流多变 创意非凡的年代，时装不只是时尚流行的代号，更多的是个性的体现。崇尚中性化、叛逆、独特的表达方式，不断挖掘创意，营造独特的潮流风格。

店面陈设

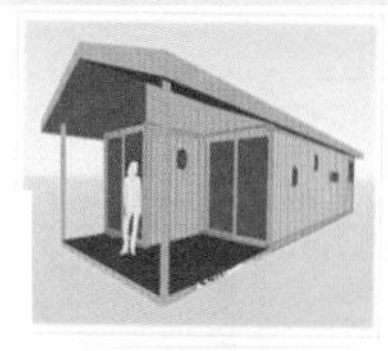

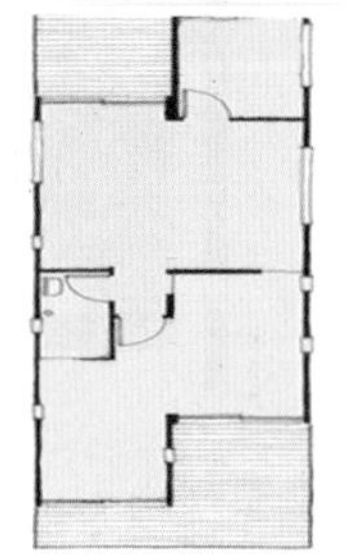

外观

采用黑和橘两色系
在集装箱改造上面增加视觉冲击效果
钢架结构的焊接，局部落地钢化玻璃
外观简约低调，似硬朗的金属
凹凸的墙迎合了Un1queIU品牌

集装箱改造平面图参考

Un1que|U—16AW秋冬产品价格单

秋冬产品分配

产品	款式分配
上装	衬衫/西装/大衣/棉服/毛衣开衫
下装	西裤/连身裤/哈伦裤
配饰	休闲鞋/皮鞋/靴子/帽子/围巾/包包

上装（元）	下装（元）	配饰（元）
衬衫280~580	西裤380~580	鞋子类480~1380
西装480~980	连身裤580~780	帽子/围巾/包包 180~880
大衣680~1890	哈伦裤380~680	
棉服480~1380		
毛衣开衫480~680		

男款：女款=40%：60%

款式数量：秋冬季：20~50款　春夏季：40~65款
产品价格：生产成本价×3~5倍(平均生产成本控制80~200元)

内观

内观墙的部分用水泥筑成
深色复古木质材料给人浓厚的艺术气息
一楼是服装陈列极简的黑白灰色调
添加装饰以调节整体氛围

二楼是工作室
也可以作为一个小小咖啡厅
方便客人休憩的时候坐下来喝喝咖啡
可以与设计师聊聊天

常琦
1997.9.22

获奖经历：
第二届湖南省服装设计大赛三等奖
湖南省长沙市创新产业园“蓝色畅想”协同创新工作坊三等奖
2015—2016 湖南师范大学一等综合奖学金，“三好学生”
2016—2017 湖南师范大学二等综合奖学金，“三好学生”
2016—2017 湖南师范大学“百优共青团员”

工作经历：
2015—2016 湖南师范大学校学生会宣传部干事
2016—2017 湖南师范大学校学生会宣传部副部长
焦作市以琳·春天艺术学校假期实习

合格证书：
英语四级考试合格证书
国家计算机二级合格证书
全国中小学教师资格证考试合格证书

目录

第二届湖南省大学生服装设计大赛
2TH HUNAN UNIVERSITY STUDENT COSTUME DESIGN COMPETITION

- 灵感来源及其扩散
- 元素提取
- 廓型调研
- 色彩提取
- 配饰造型
- 设计实验及试色
- 款式效果
- 成衣制作与调整
- 成衣展示

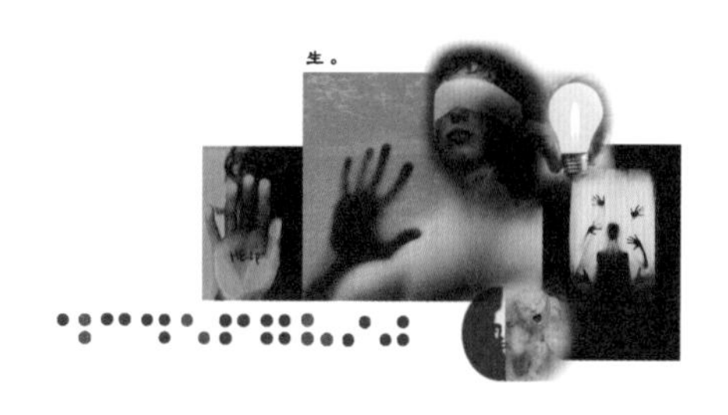

第二届湖南省大学生服装设计大赛
求生主题下的灵感来源

灵感来源于日常生活中常见的盲道占用、城市基础设施不规范等现象，想到生存不易，希望站在盲人的角度，体验挣扎在黑暗环境中的人们的求生欲，从而呼吁人们多给他们留些生活空间，给予他们关爱，给他们带去一缕阳光。盲人如此、抑郁患者如此，被侵犯者亦如此。

第二届湖南省大学生服装设计大赛
求生主题下的灵感扩散

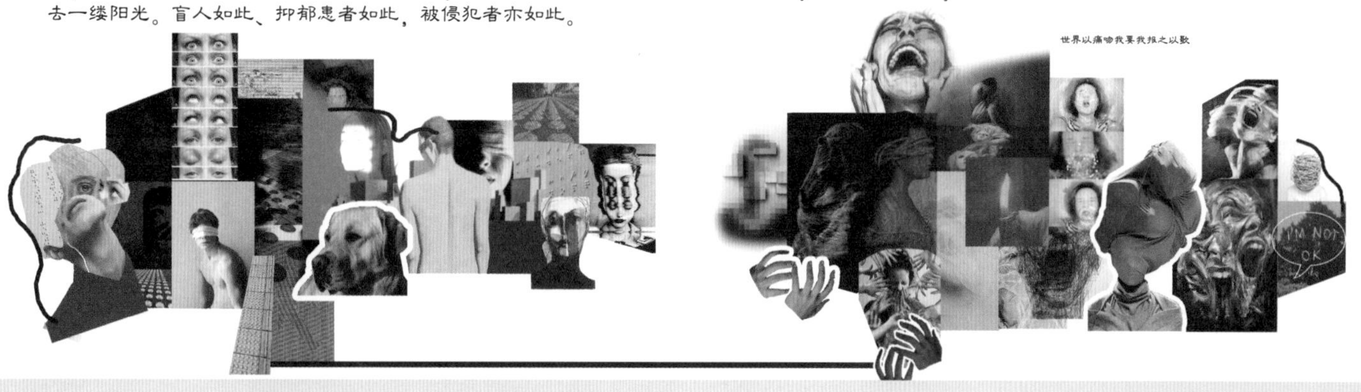

第二届湖南省大学生服装设计大赛
求生主题下的元素提取

站在盲人角度运用元素，营造一种迷雾黑暗的气氛，盲人在黑暗中探寻光亮方向，盲道、盲文和一些表达黑暗与光明共存又相克关系的图案，都是可运用的元素。想要突破限制，以眼球被障碍物阻挡作为造型体现，强调求生欲，追求黑暗中的光亮。

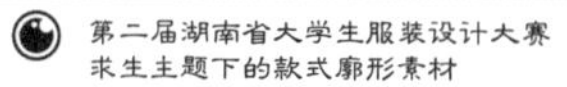

第二届湖南省大学生服装设计大赛
求生主题下的款式廓形素材

廓型主要为超大型（Oversize），体现需要被温暖、被拥抱的感觉，但被包裹的造型同时也体现出一种不愿与人接触的距离感。

“蓝色畅想”非物质文化遗产协同创新工作坊

"Blue fantasy" workshop on intangible cultural heritage collaborative innovation

· 项目分析
· 主题构建
· 主题故事概念
· 图案演变
· 设计提案
· 产品设计图稿
· 成品制作及展示

主题构建——“蓝色畅想”非物质文化遗产协同创新工作坊

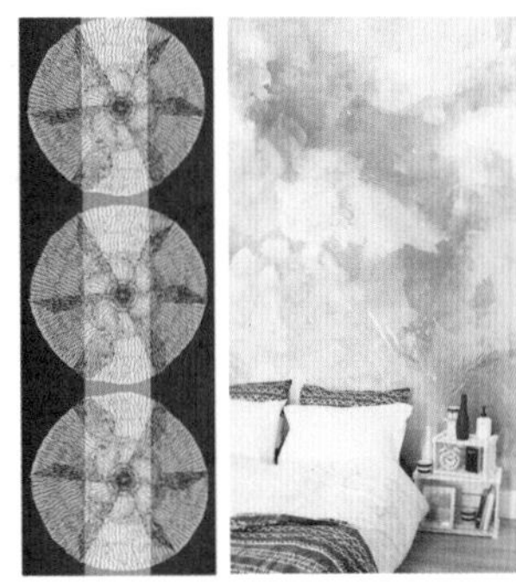

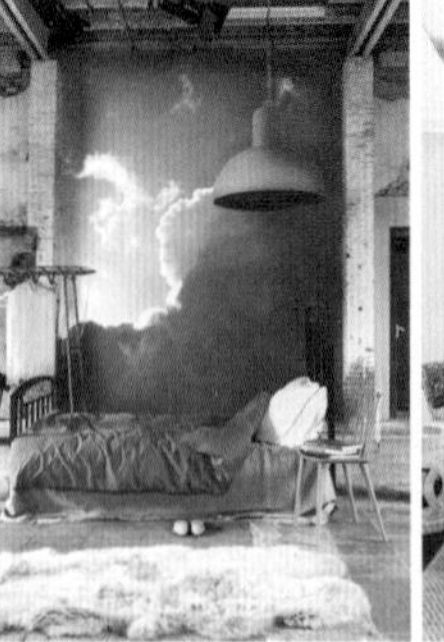

邵阳 — 本土文化 — 家 —
- 归属感 — 落脚点 — 旅行 / 代步工具
- 温馨 — 美好 / 舒适
- 安全 — 避风港 — 海上

靛蓝之家
- 现代工具 / 其他艺术表现形式 — 灵感方向
- 家居服 / 家纺产品 / 其他 — 产品方向
- 主题方向 — 归属感 / 安全 / 温馨
- 设计标准 — 舒适 / 健康 / 其他

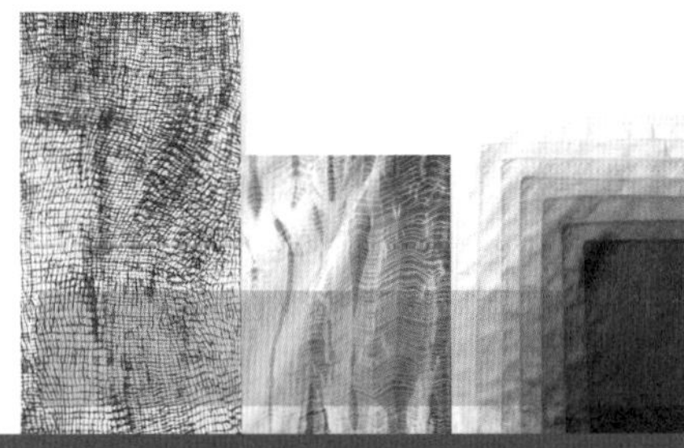

创·忆

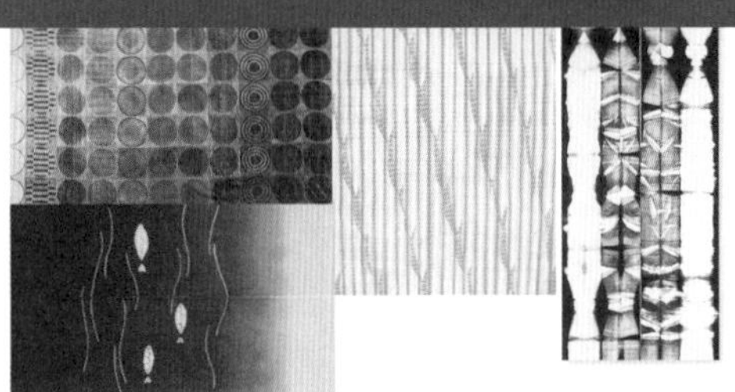

单位：湖南师范大学
成员：常琦、李宇婷、汪自欢
指导老师：罗仕红

项目主题：
“蓝色畅想”
邵阳蓝印花布的创新设计
项目内容：
以湖南蓝印花布印染技术为对象，进行应用领域及新产品开发的概念设计
充分设想可能的应用领域、产品形式，完成从概念提出到产品制作的全部过程
产品要求：
产品适应现代社会的消费需求，有卖点
产品具有商业价值，能进行产品推广
不仅要创新，更要保护传统文化
设计方向：
服装：家居服、制服、休闲装等设计
文化创意产品设计与制作
家居、日用品、电脑周边、手机

主题诠释：创·忆

对传统的局限进行创新
· 图案传统
· 面料平常
· 工艺单一

对传统的特色进行保留
· 浆染工艺
· 产品种类

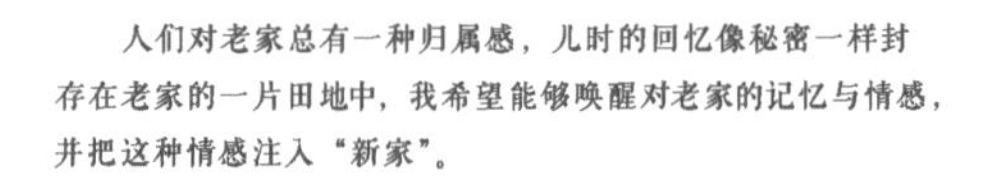

人们对老家总有一种归属感，儿时的回忆像秘密一样封存在老家的一片田地中，我希望能够唤醒对老家的记忆与情感，并把这种情感注入“新家”。

图案演变——"蓝色畅想"非物质文化遗产协同创新工作坊

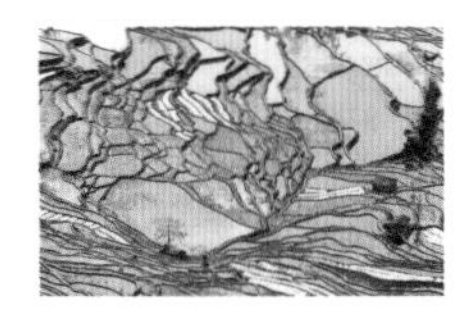

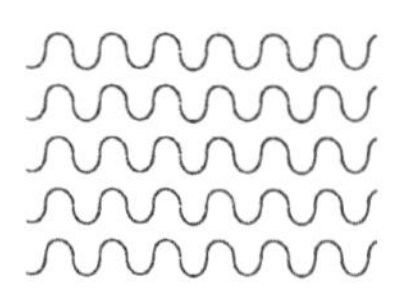
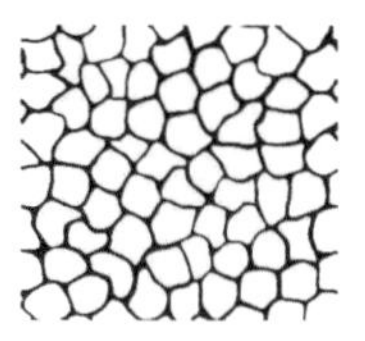

所用元素从老家记忆中提取，简化变形，形成新的现代符号和图案，使"老"演变到"新"。

设计图稿——"蓝色畅想"非物质文化遗产协同创新工作坊

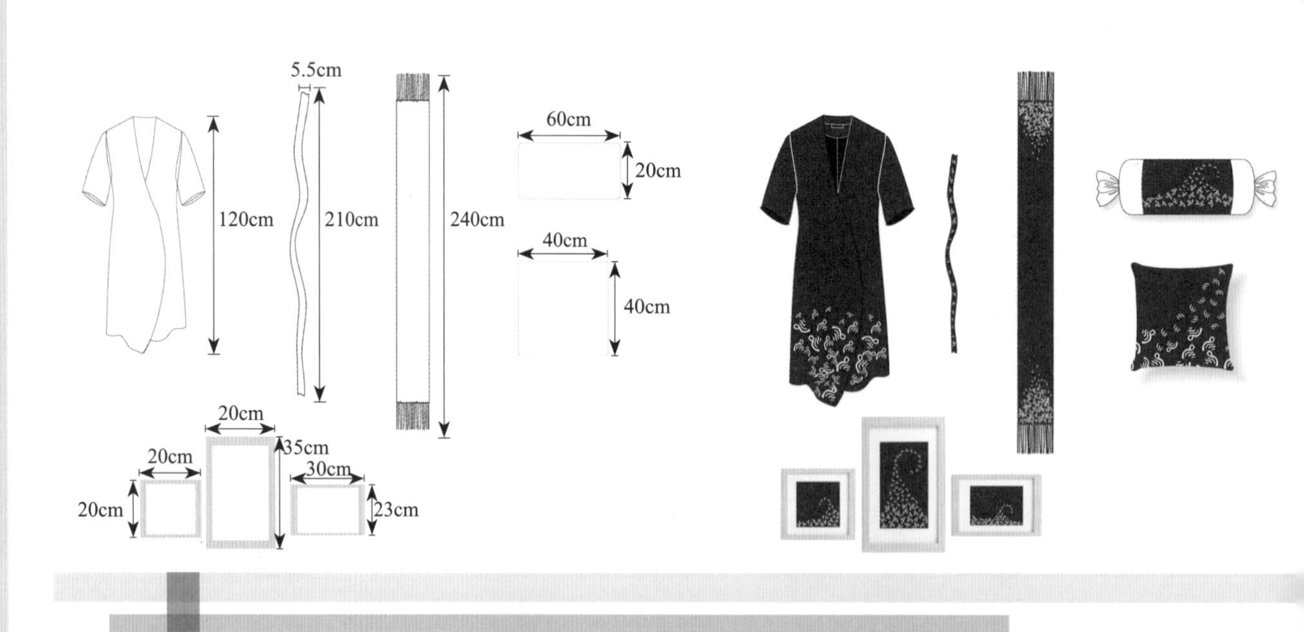

印花
printing

拼贴
collage

流苏
tassel

设计提案——“蓝色畅想”非物质文化遗产协同创新工作坊

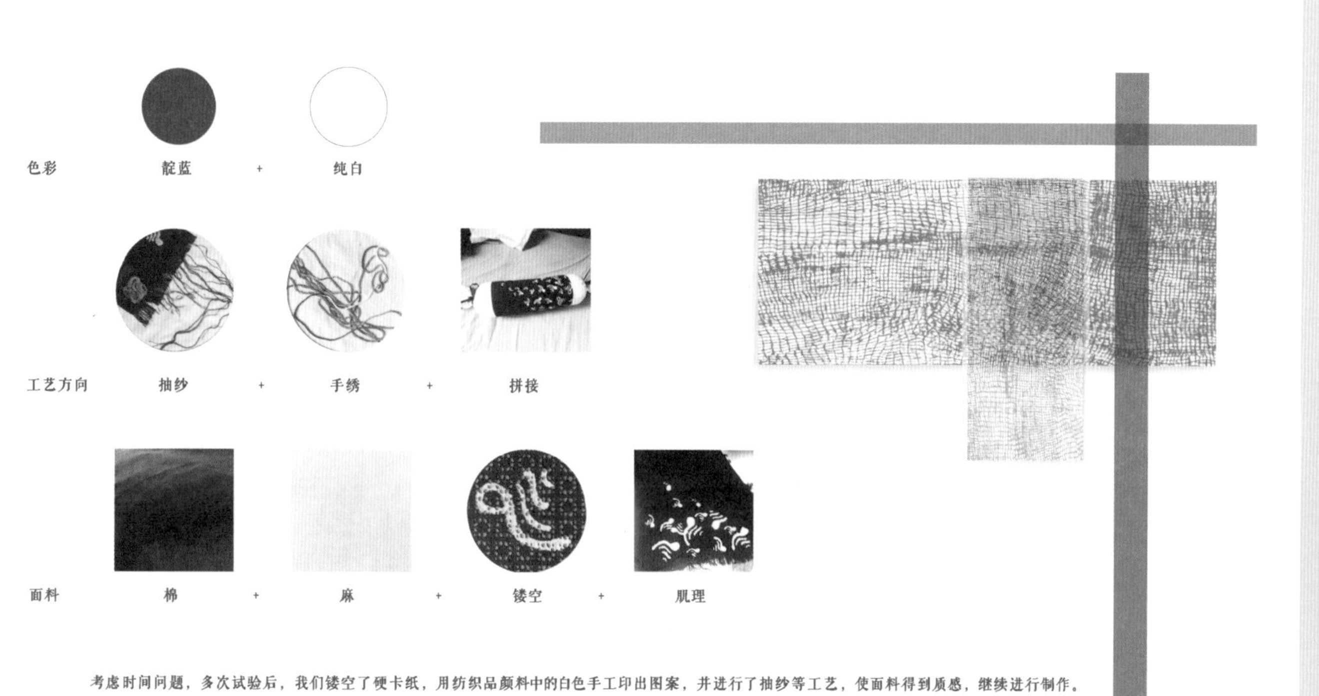

考虑时间问题，多次试验后，我们镂空了硬卡纸，用纺织品颜料中的白色手工印出图案，并进行了抽纱等工艺，使面料得到质感，继续进行制作。

成品制作与展示——“蓝色畅想”非物质文化遗产协同创新工作坊

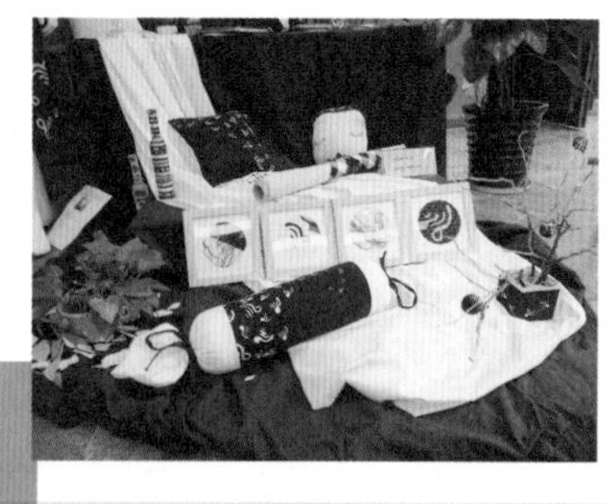

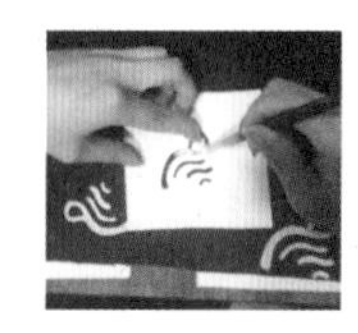

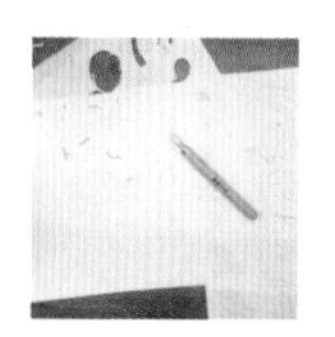

创作构思

思考：是什么妨碍了文明生活？

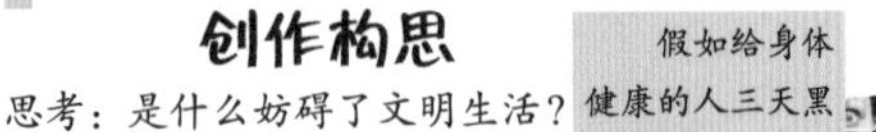

假如给身体健康的人三天黑暗的机会，感受盲人所需。

灵感源于生活，盲道被占与设计不合理现象成功引起了我的注意，为什么不曾看到过盲人出行？

面料：营造隐约/起伏肌理感

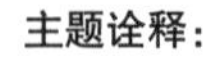

元素提取为他们需要的盲道、温暖、阳光、文字等，他们需要的是和正常人一样的生活。

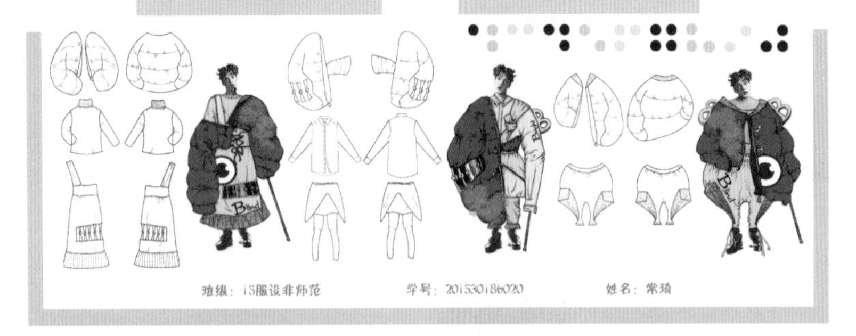

主题诠释：

盲道不忙：释放盲道空间，使盲道发挥该有的作用——引导盲人出行。

意义：

以盲人视角感受日常生活，使身体健全的人们认识到盲人生活的不易；提倡平等待人,尽可能为盲人提供便利，减少他们生活中所遇到的麻烦，文明生活，且珍惜现有生活。

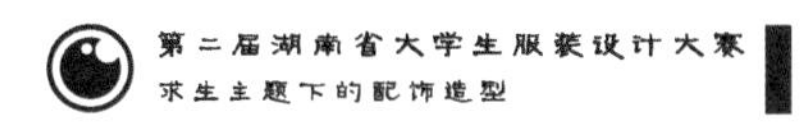

配饰妆容主要为眼镜、面部包裹、画笔线条表达，凸显有趣深刻，也能给人们带去思考，后期还会根据服装效果进行调整，虽然是营造暗黑求生，但主要是表达希望光芒。暗黑外表下存有一颗追求光明有趣的心。

展示与传播实践

方案展示的方式非常多，尤其是综合性的方案表现方面，由于涉及不同媒介和纷繁复杂信息的编排，且对版式设计有专业技能要求，因此虽然设计原理本质上和服装设计一样，但同样也需要学习者花费一定时间、精力去学习和实践，然后将受益匪浅。

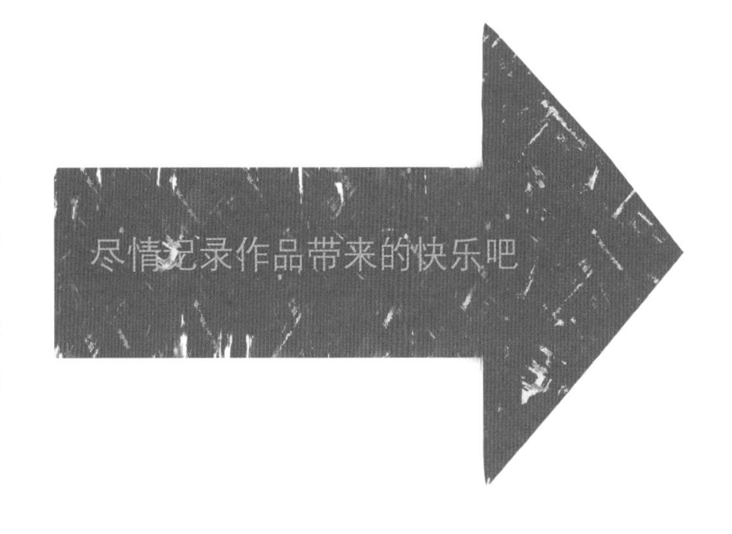

任务一：作品拍摄

依据主题概念，选择合适的户外或室内场景，以及匹配的模特及妆容、配饰等拍摄服装作品；

针对成衣作品的局部细节进行特写拍摄。

任务二：方案表现

效果图、款式图、设计说明、材料小样等不同组合表现。

任务三：社交媒体传播

在不同的社交媒体展示项目的设计创作过程和最终成衣照片中，获取不同的反馈，体验“我和我的设计创作”在数字化时代网络虚拟空间中的共生关系。

第 9 单元　设计自省

9.1 评判标准

设计自省，首先要思考“自省什么”？除了知识、技能、方法、经验外，还要考虑遵循一定的逻辑，自省才能更有效率和意义。在服装设计创作过程中，每一阶段的设计任务的结果都必须设有相应的评估判断标准。本书实践部分从调研阶段就开始强调要对主题产品设计进行设想，通过图像和关键词两个方面描绘服装成衣的预期效果。虽然预期效果和评判标准二者不是完全对等的概念，但预期效果是从属于评判标准之内的。

评判标准，既是对结果的评判要求，也是设计的目标，只有明确设计的评判标准，才能在设计方案时知道设计的目标和界限所在，也只有这样，才能在既定范围内判断不同设计方案的“好与不好”“好与更好”。

培养设计者构建自我评判标准的良好习惯，就可以不断超越自己，在有限的范围内发挥出无限的创造力。所以作为设计师或设计学习者，在抛出设计提案之前，从主题到产品造型、颜色搭配、图案设计等每一个步骤，都必须先问问自己为什么，对每一个细节从专业的角度都能说出所以然，并且充分相信自己的设计是最优选择，如此才能面对来自各方的质疑，老师也好，客户也好，对方案都能有自己坚定、自信的解释，而不是人云亦云，这是建立在设计师个人专业素养之上，且经过多方权衡的结果。当然，面对合理、正确的质疑时亦应该理性对待和接受。

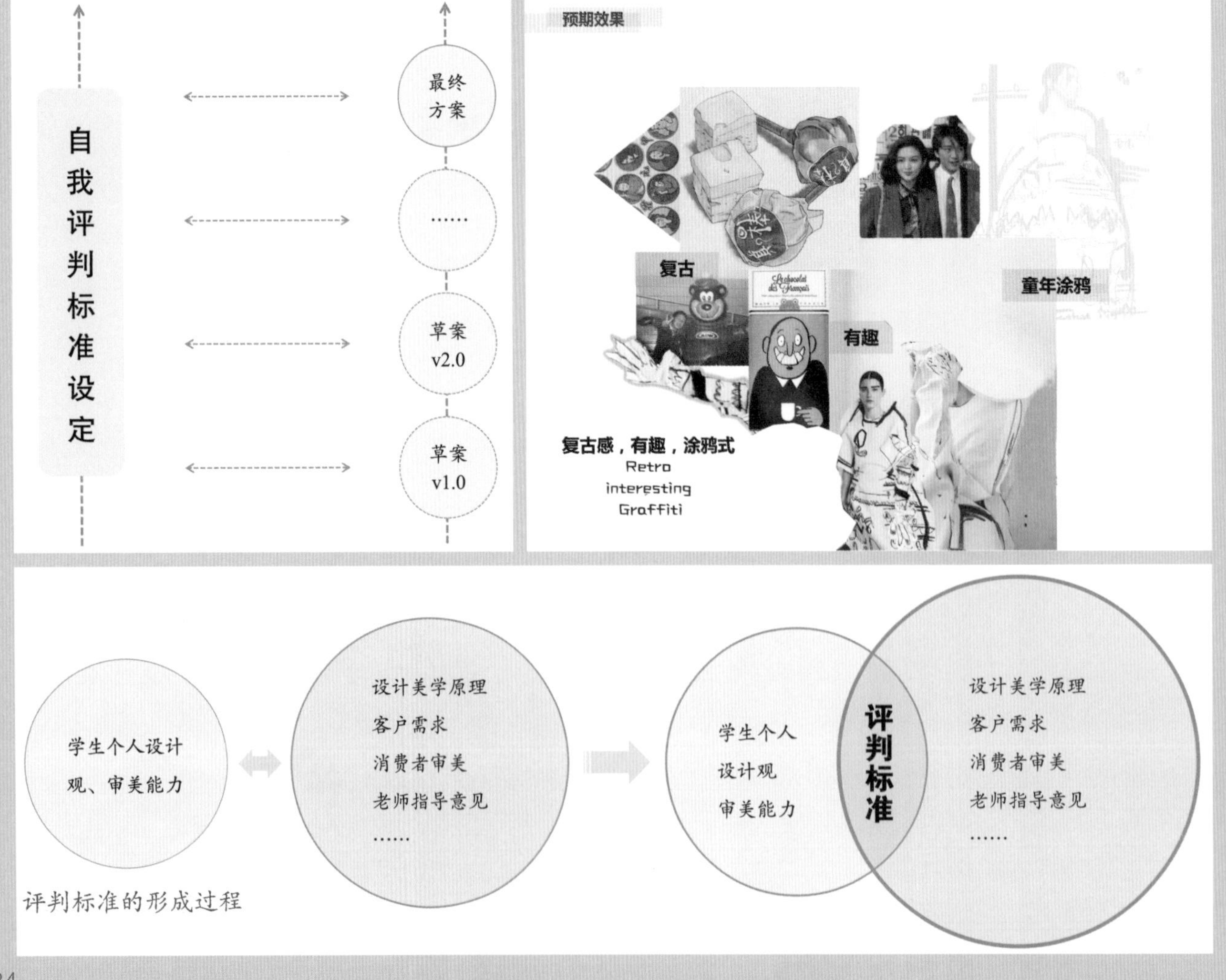

评判标准的形成过程

“温暖的链接”主题情绪板

温度的变化是可感的，我们对于温度冷暖的感受，
不单只指感受外界温度的变化，
也指感受处于社会生活中的人与人
之间的冷暖关系，人与人
之间的接触、情感等变化会使
我们产生一种温暖感或者孤独感。我们处于
社会生活中，经历各种冷暖，如人饮水，冷暖自知。

关键词：温度、对比、人际交往、
情感链接、治愈……

作品预期效果

风格	廓型	结构	色彩	面料	图案
未来风	流动感	直线分割	撞色	网纱	数码印花
简约风	解构感	曲线分割	对比色	多种面料	立体雕刻
复古风	不规则	堆叠	高饱和度	编织毛线	刺绣
解构风	H型	拼接	低饱和度	温变面料	扎染
搞怪风	……	立体	冷色	面料改造	立体
运动风	……	简化	暖色	皮革	渲染

9.2 反思与总结

设计自省包括创作过程和方案实施落地过程中的反思和总结，以及项目结束后的评估和总结。从商业角度来看，设计评估是品牌设计团队对上一季度或上一年度产品企划与设计的自省。海涅说：“反省是一面镜子，它能将我们的错误清清楚楚地照出来，使我们有改正的机会。”善于自我反省的人，往往能够发现自己的优点和缺点，并能够扬长避短，发挥自己最大的潜能，设计亦如此。

对服装学习者来说，经常进行系统性的设计反省，既是一种思维方式的锻炼，更是推动自我成长的绝佳方法和途径。通过反思和总结在不同设计任务中碰到的问题，举一反三，积少成多，逐渐形成系统解决问题的能力和经验。从小的方面来说，进行后续任务时，通过遵循这些方法和经验也能够起到事半功倍的效果；从大的方面来说，可以逐步建立设计的自信心，形成个人独特的设计观和方法论，从而能够从容地面对各种不同的设计项目。

在商业设计中，通过正式的总结报告，肯定成绩，发现问题，找出缺点和不足，吸取经验教训，提出意见与目标，并在下一次工作中进行调整和改造，既有利于品牌和企业的发展，也有利于团队开展工作。

设计自省是培养与提升工作能力的有效途径，可以丰富专业知识，提升技能水平，提升发现问题和解决问题的各项能力。服装设计学习者在设计过程中，要时刻持有自我反省、自我修正的态度，以“没有最好只有更好”的态度不断去追求和实现自己的理想设计。

课程总结

从一开始为寻找创作灵感而进行全方位的调研，从模仿到借鉴，到提取元素，再到完成设计稿的雏形，最终完成一个系列的设计，我掌握并实践了一套完整的服装设计流程，逐渐学会运用设计思维进行设计创作。

在设计的过程中，我学会了如何对素材进行打散、重组，借鉴他人的设计，并改变自己的惯性思维。

虽然在设计过程中会遇到瓶颈，甚至否定之前的整个创作思路，但是设计就是这样，需要我们不断创新。一开始我也会不理解老师的做法，但是当我按照老师的方法一步步把整个流程持续进行下去的时候，我发现这样做更容易厘清思路，想做什么，该怎么做，让自己的设计目的更加明确，使自己的设计从混沌到清晰。

收获真的超出意料，谢谢老师的严格和耐心指导！

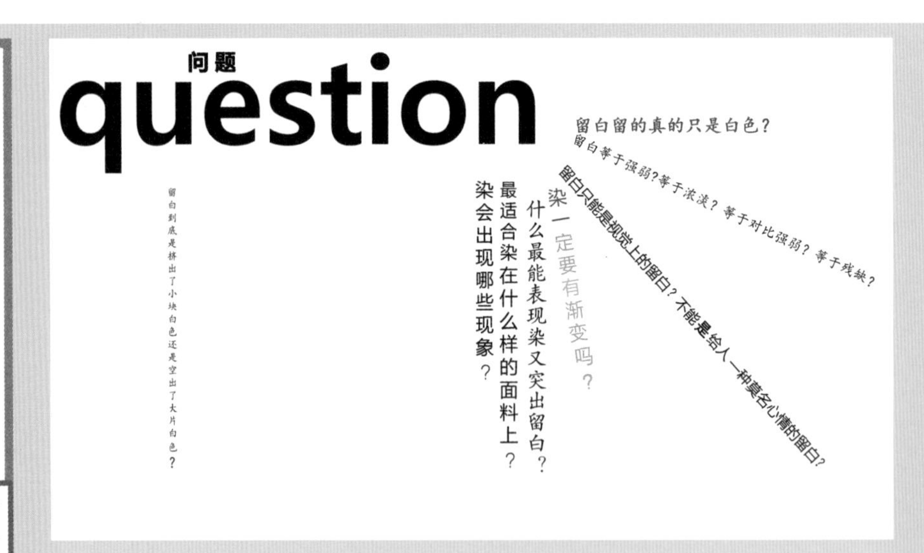

灵感收集过程反思：

现在好像陷入了一个循环。老师说整个设计过程就是不断地放—收—放—收的过程，我慢慢有了一点思绪，但容易放出去就收不回来。

图片由之前的纯物件元素，转为再收集一些相关的面料灵感、结构灵感的图片。但感觉还不够。

问题：

1. 调研的深度还不够，东西太过表面。
2. 思维有时放出去就不知道怎么收回来了，在资料整理过程中，如何找到适合主题的素材，对这种资料整理敏锐度还不够。

下一步反思：

1. 如何把灵感里面的素材给利用起来？
2. 主题主题主题！契合主题氛围，不要发现了一个新的东西就想换主题！

◆ 阶段分析总结

制作时间：
10月11日8:00am—10月12日3:00am
10月12日8:00am—10月13日2:30am
10月13日8:00am—10月14日1:30am

- 当遇到问题时，及时找老师进行线上线下的沟通交流，做到此阶段时，学长也对我们的课程报告书进行了评价，给予了肯定并且提出了建议，老师和学长的意见让我们有了新的想法，时刻记录，有想法就标注，不断修改，使得我们的课程报告更加完整。
- 其中，我们也把自己的PPT发到群里，大家相互学习，对于每一组的PPT我们组也做了笔记，都进行了优点和不足的分析，好的地方可以学习，不足的地方看看自己是否也有同样的问题，有则改之无则加勉。
- 在这一阶段内容十分丰富，花费了大量的时间，我们也产生了很多分歧，大家都有自己的想法，思维发散的方向不一致，主题方向不一致，卡死在了一点上等。咨询老师时，老师也耐心地帮我们分析，也是因为大家一直很和谐，最后达成一致，不纠结，设计不是框死的，多个方向反而多条路，决定用自己想用的元素，主题不偏即可。

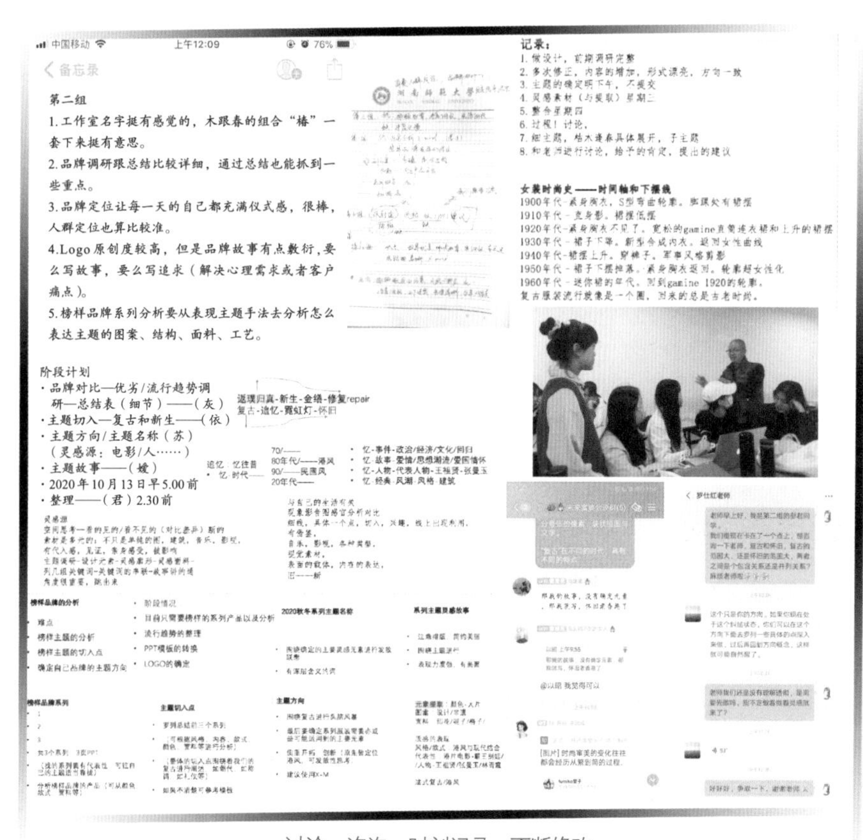

讨论—咨询—时刻记录—不断修改

门里门外

问题：

1. 课程结束一段时间，并没有立即着手，自己对设计的感觉越来越消散，不知该从何处下手。

怎么办？

重新整理下思路，用最笨的办法，把之前做过的东西再做一遍，温习，看灵感素材，像刷题一样，根据老师上次说的素材偏少再寻找新的素材。

Plan A:

第一步：通过制作思维导图进行发散。

第二步：找自己想要用到的材料，从结果寻找开头。

第三步：再次利用思维导图，列表，需要用到的材料，以及裁剪手法，主要运用的是直线还是曲线，记住核心“软硬兼施，打破传统观念”。

总结：运用Plan A后还是没感觉，素材大同小异，故选用Plan B。

Plan B

从服装面料入手，考虑自己要做的细节、内在结构，以及具体想堆砌的结构，先堆做加法，再做减法。

2. 做什么？根据战争创伤进行联想！

Q：如何通过战争之殇这个主题来寻找相关的热点元素？

A：将具体的近现代的某一场战争的前后影响进行对比，也可以在服装的色彩以及版面的设计上体现反暴力。

【调研思考】

怎么做素材的选择呢？相关的风格该如何选择呢？

Q：与之相关的风格该如何选择呢？

A：可以选择哥特风格、朋克风格进行融合。

Q：从战争创伤的角度上来进行元素发散？

A：可以从伤痕、怪诞、心理创伤、破碎、愈合、完整时期等角度来解读。

战争创伤
- 伤痕：可怕的、血腥的、战争
- 怪诞：疯狂、死亡、迷彩、压抑
- （伤痕、怪诞）哥特风格
- 心理创伤：身不由己、战后创伤、渴望和平
- 破碎：破烂街道、建筑残骸、子弹碎片 —— 朋克风格
- 愈合：希望、治愈、生存
- 完整时期：建筑美、和平景象

摄影师参与炸弹袭击后的救援活动，失声痛哭。

设计自省实践

设计自省强调设计过程中学习者从外到内的全方位反思和总结，同时强调记录。长此以往，当设计自省变成一个良好的习惯时，学习者将在设计学习道路上快速成长。

任务一：项目评估

把老师、学习互助小组成员、同学等对自己项目各个方面的意见、建议记录于此。

任务二：创作总结

对本项目整个创作过程和结果作一个总结，包括收获、遗憾等。直面自身缺点和要改进的地方，更不要吝惜对自己的赞扬。

设计是主观的，也是客观的，“有则改之，无则加勉”，抱着谦虚学习的客观态度，有益于自己在设计道路上越走越宽广。

参考文献

[1] 凯瑟琳・麦凯维，詹莱茵・玛斯罗. 时装设计：过程、创新与实践 [M]. 2 版. 杜冰冰，译. 北京：中国纺织出版社，2014.
[2] 卡罗琳•特森，朱利安•西门. 英国时装设计绘画教程 [M]. 黄文丽，文学武，译. 上海: 上海人民美术出版社，2004.
[3] 卞向阳. 服装艺术判断 [M]. 上海：东华大学出版社，2006.
[4] 李好定 . 服装设计实务 [M]. 刘国联，赵莉，王亚，吴卓，译 . 北京：中国纺织出版社，2007.
[5] 杨大伟. 时装有品 [M]. 北京：清华大学出版社，2013.
[6] 格兰顿，菲兹杰拉德 . 国际时装设计实战教程 [M]. 王艳晖，译 . 北京：中国青年出版社，2009.
[7] 爱金玛・恩波露. 国际时装设计与调研 [M]. 陈添，胡晓东，译. 上海：东华大学出版社，2015.
[8] 罗伯特・利奇. 时装设计：灵感・调研・应用 [M]. 张春娥，译. 北京：中国纺织出版社，2017.
[9] 谢锋. 时尚之旅 [M]. 2 版. 北京：中国纺织出版社，2007.
[10] 冯峰，等. 图像：叙述与再现 [M]. 广州：岭南美术出版社，2005.
[11] 冯峰，等. 形态：转译与生成 [M]. 广州：岭南美术出版社，2005.
[12] 冯峰，等. 语汇：元素与秩序 [M]. 广州：岭南美术出版社，2009.
[13] 冯峰，等. 观念：认识与表达 [M]. 广州：岭南美术出版社，2009.
[14] 于国瑞. 服装设计思维训练 [M]. 北京：清华大学出版社，2018.
[15] 滕菲. 灵动的符号：首饰设计实验教程 [M]. 北京：人民美术出版社，2004.
[16] 谭平 . 设计教学・第十工作室 [M]. 成都：四川美术出版社，2007.
[17] 周至禹 . 艺术设计：思维训练教程 [M]. 重庆：重庆大学出版社，2010.
[18] 佐藤可士和. 创意思考术 [M]. 时江涛，译 . 北京：北京科学技术出版社，2011.
[19] 罗建. 设计要怎么思考：培养设计创新意识 [M]. 博硕文化，译. 北京：电子工业出版社，2011.
[20] 奥村隆一. 5 个图表解决工作中的 12 大难题 [M]. 黄薇嫔，译 . 北京：中国青年出版社，2012.
[21] 胡雅茹. 我的第一本思维导图入门书 [M]. 北京：北京时代华文书局，2014.
[22] 凯莉・史密斯. 做了这本书 [M]. 吴琪仁，译. 武汉：湖北科学技术出版社，2015.
[23] 郑珍好. 视觉思维 [M]. 潘翔，译 . 北京：中国铁道出版社，2016.
[24] HYWEL DAVIES. Fashion Designer's Sketchbook[M]. London：Laurence King Publishing，2010.
[25] DAWBER，MARTIN. The Complete Fashion Sketchbook[M]. London：Batsford Books，2013.

附录一　设计创作方法

为本书使用者强烈推荐，在创作过程中的一些经过实践验证的很好的学习方法和设计方法。当然，需要提醒的是，方法一定要活学活用、举一反三，在不断设计实践过程中逐渐找到适合自己的方法、经验和设计观。唯有如此，才能走向真正的创作自由。

小组互助

- 无论设计任务是独立完成还是团队完成，都强烈建议学习者在创作过程中组成小团队，积极讨论、互相学习，为其他成员出谋划策，答疑解惑，共同前进。
- 通常在构思主题等关键的设计阶段，某些情况下小组成员自己不能做出较好的决断，均可使用此方法。
- 需要注意的是设计过程强调独立自主创作，学习者不可过多依赖团队其他成员。

可视化表达

- 主要利用文本、符号、图形和图像来综合表达设计构思与创作过程。
- 文本通常以关键词和短句表达核心内涵，借助符号、图形和图像进行组合，快速而又简洁地表达设计过程中的不同情境。
- 视觉化表达对于使用者来说高效快捷，便于沟通。对于受众来说，信息直观而又易于接受。配合团队“头脑风暴”，能取得更好的效果。

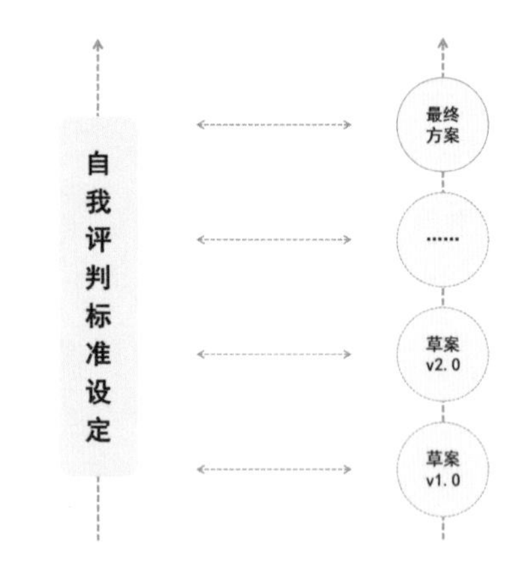

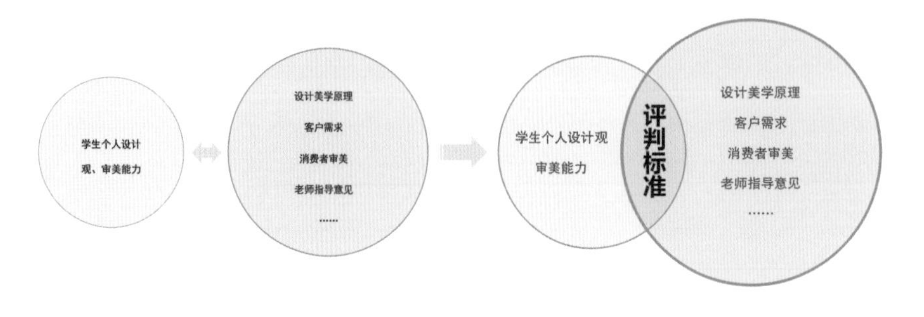

自我学习

- 这是本书的核心学习方法，是服装设计学习者在设计中解决问题时总的思路和方法。目的在于摆脱设计学习中的心理依赖。
- 此模型设计的四个步骤可形成一个完整的学习闭环。过程中的大、小任务有疑问均可参照此图操作实践。
- 模型中重点强调批判性思维在不同阶段中的重要性，同时创造性地提出每一个阶段的设计自省，旨在反思和总结设计的得失。

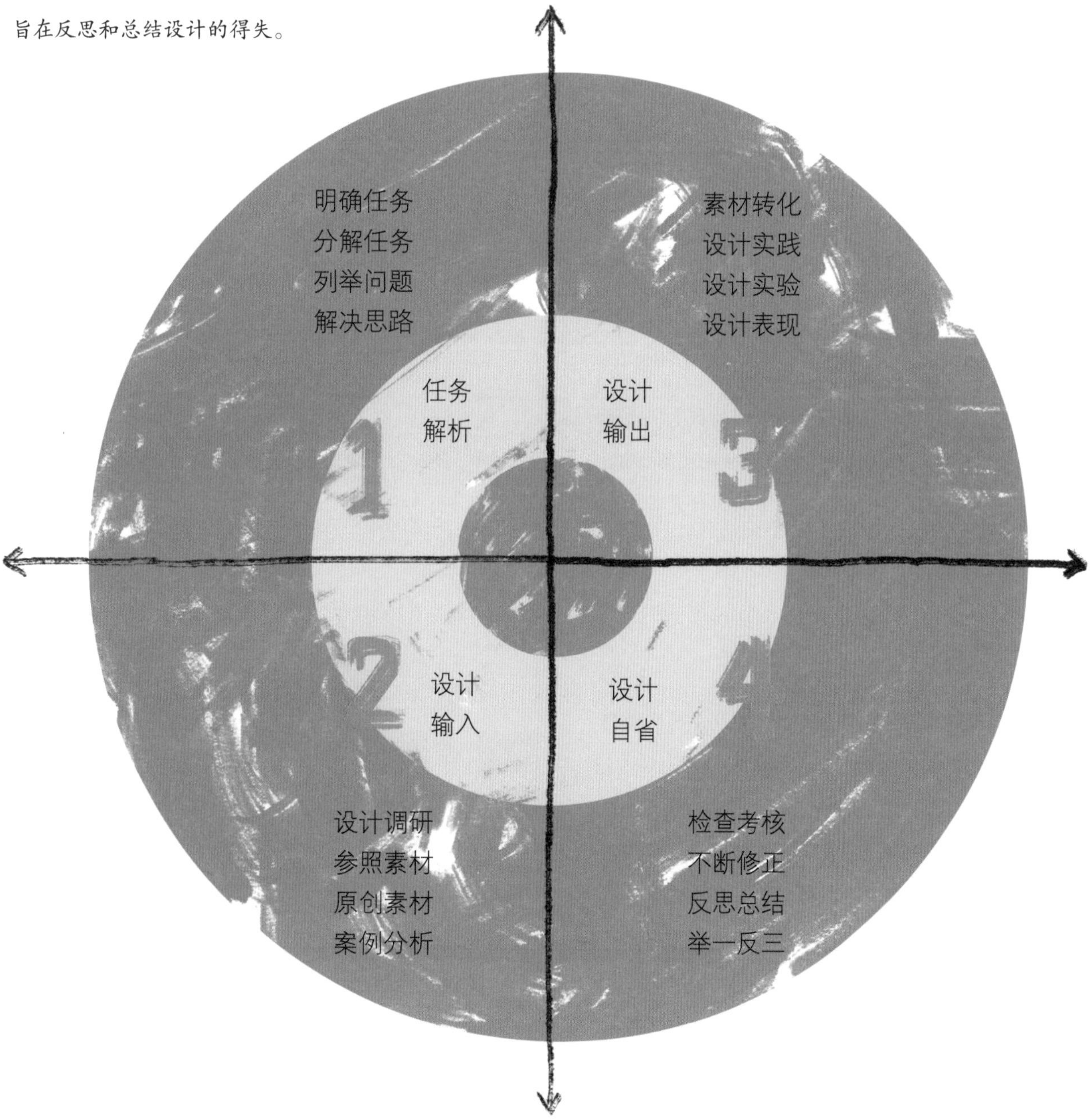

明确任务
分解任务
列举问题
解决思路

素材转化
设计实践
设计实验
设计表现

1 任务解析

3 设计输出

2 设计输入

4 设计自省

设计调研
参照素材
原创素材
案例分析

检查考核
不断修正
反思总结
举一反三

自由联想

· 自由联想也叫作发散性思考，是无意识控制的单纯思维，是有目的思维的基础。

· 自由联想是设计过程中，尤其是在设计初始，针对主题拟定、设计拓展等设计者在放松和自由的情境下进行漫想，联想每一个具体形象或概念，就如同链条上的每一个环节，如果将这一个个形象或概念连接起来，就构成了思维的整个过程。

· 自由联想之后需要针对联想展开的信息进行筛选，有目的地选择符合设计需求、主题逻辑的内容进行深入。

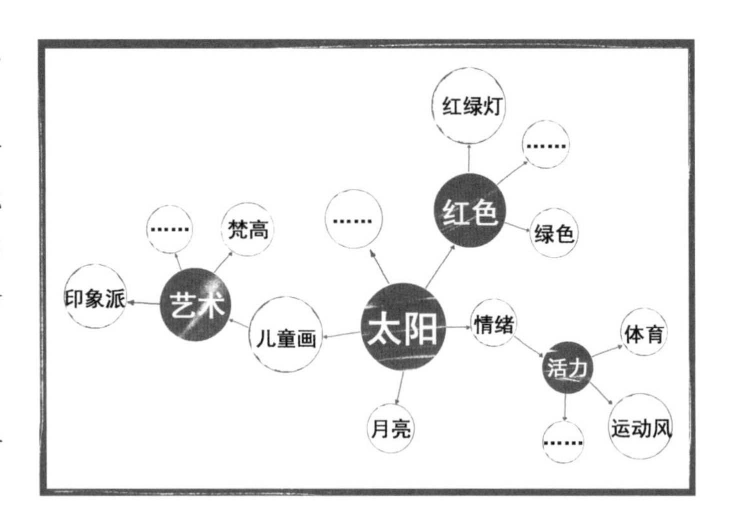

分类联想

· 相对于自由联想，分类联想针对设计展开更为细致、深入的联想和思考。

· 分类联想有着很强的限定性、目的性。

· 在选定的关键词下挖掘从属于该类型的概念、元素等，并从展开的联想中找到并确定合适的文本语汇，以及延伸拓展的图形影像，甚至多媒体信息等，使得设计往既定的方向顺利推进。

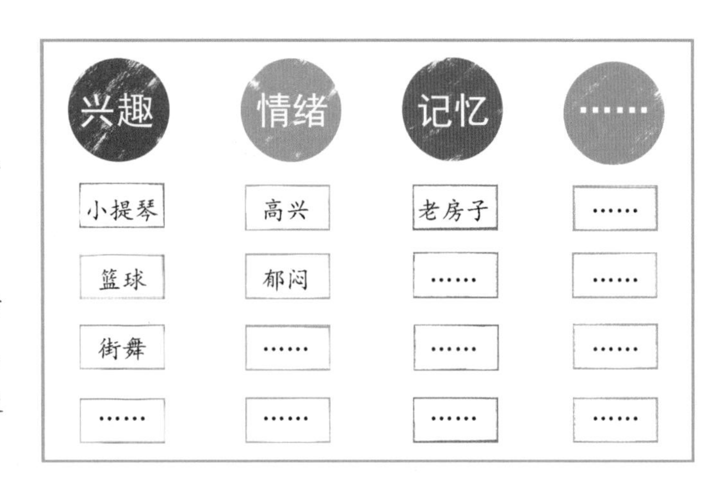

概念叠加

· 设计需要创新和创意，概念叠加模型就是为突破思维定式而量身定制的设计思考方法。

· 该模型既可以在构建主题时使用，亦可以在具体的服装整体或者局部设计时使用。使用时可以采用不同类型、时空，甚至不相关联的语义代入。如果在不能使用明晰的语义代入时，亦可以采用图像代入来完成设计思考。

· 注意：叠加的类型关键词不是越多越好，通常控制在 5 个左右较为合适，且需要注意主次之分。

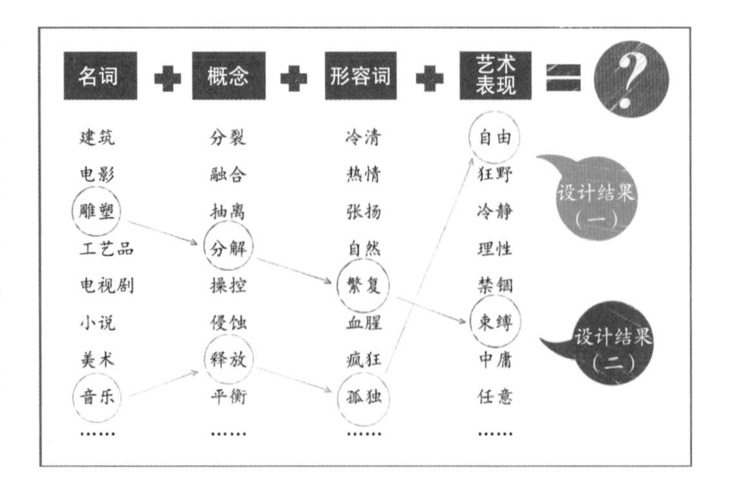

构思与调研

· 设计是一个需要不断思考和试错的过程。调研是帮助设计师获得解决问题所需要的不同层面信息的必要手段，目的和结果是获取设计决策的信息和素材。

· 灵感是一个伪命题，设计本质建立在大量调研的基础上，调研才是推动设计项目发展的驱动性要素，且贯穿于整个创作过程。

· 调研是为了设计创作的主动行为，同时也是为解决在设计过程中随时可能出现的问题而需要的被动行为。

· 尝试使用下图中的不同方法组合进行创作，将会产生很多有趣的想法和意料之外的结果。

第一来源 Primary Sources (个人输出)

体验 / FACTUAL

1. 个人的早期知识/观点/记忆　Previous Knowledge/Opinion/Memory
2. 观察　Observation
3. 对话　Conversation
4. 分析　Analysis
5. 角色扮演　Role-playing
6. 访谈　Interviews
7. 调查/问卷　Surveys/Questionnaires
8. 焦点小组　Focus Group
9. 研讨小组　Seminar Group
10. 日记　Diaries
11. 身临其境的体验　Immersive Hanging Out

视觉 / VISUAL

12. 绘画　Drawing
13. 拍照　Photographing
14. 媒介实验/数字化/2D/3D　Media Experiment/Digitalize/2D/3D
15. 雕刻拓印　Engraving Rubbings
16. 字体印刷工艺　Font Printing Processes
17. 组合实验　Combinatorial Experiment
18. 图像处理　Image Manipulation
19. 明信片/绘画品/票根/目录簿　Postcards/Paintings/Tickets/Catalogues
20. 视频/音频记录　Video/Sound Recording
21. 写作/拼贴　Writing/Collage

第二来源 Secondary Sources (他人输出)

体验 / FACTUAL

1. 博物馆/档案室　Museums/Archives
2. 报纸/杂志/文章　Newspapers/Magazines/Articles
3. 已发行或已出版的访谈　Published Interviews
4. 电影/电视　Films/TV
5. 剧院/收音机　Theatre/Radio
6. 脚本　Scripts
7. 书籍/期刊　Books/Journals
8. 音乐　Music
9. 已发布或已出版的调查　Published Surveys
10. 数据统计　Statistics
11. 演讲/辩论　Lectures/Debates
12. 会议/互联网　Conferences /The Internet

视觉 / VISUAL

13. 展览　Exhibitions
14. 杂志中的图片　Pictures in Magazines
15. 报纸/期刊/书籍/宣传册/互联网　Newspapers/Journals/Books/Brochures/The Internet
16. 设计师和艺术家作品　Works of Designer and Artist
17. 印刷地图/非正式文献　Printed Maps/Informal Literature
18. 摄影作品　Photographs
19. 复印　Photocopying
20. 手册/出版物　Pamphlets/Publications
21. 来自电影/电视等的图像　Images from Movies/TV
22. 建筑　Architecture

· 本方法由设计师陈允信先生友情提供

附录二　项目主要任务概览

设计绝非单个或几个行为，而是若干个行为进行组合，从而构成了一个系统。学习者首先要从宏观角度认识服装设计，然后在实践过程中针对系统中的单个行为进行深入地探索和反省，从而构建个人的设计理念和系统。

为方便了解和使用本书推荐的服装设计创作流程，针对主题构思、设计调研、信息转译、创作表现几个主要实践阶段的步骤，用图解的形式解析，供学习者参考使用。

本书一直强调自我学习能力的培养，评判标准的建立，批判性思维的形式，设计的多维表达方式的应用等，对于下述流程及任务，同样要在若干次的使用后，按照自己的所思所得的经验找寻属于自己的表达方式。

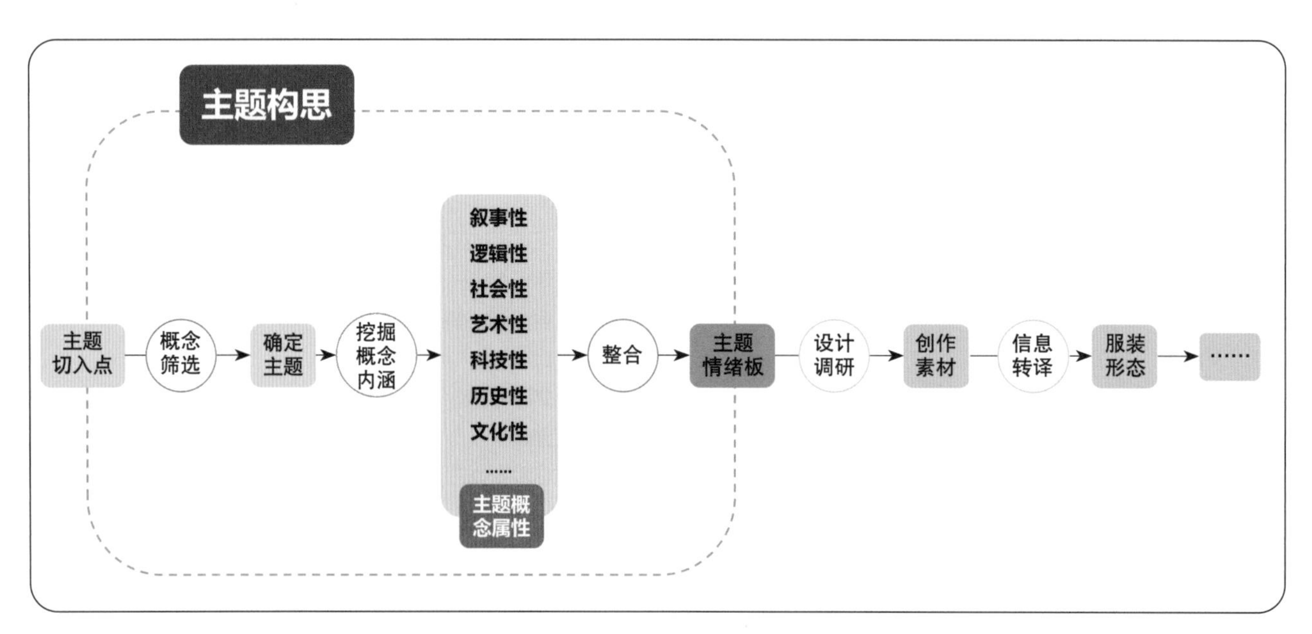

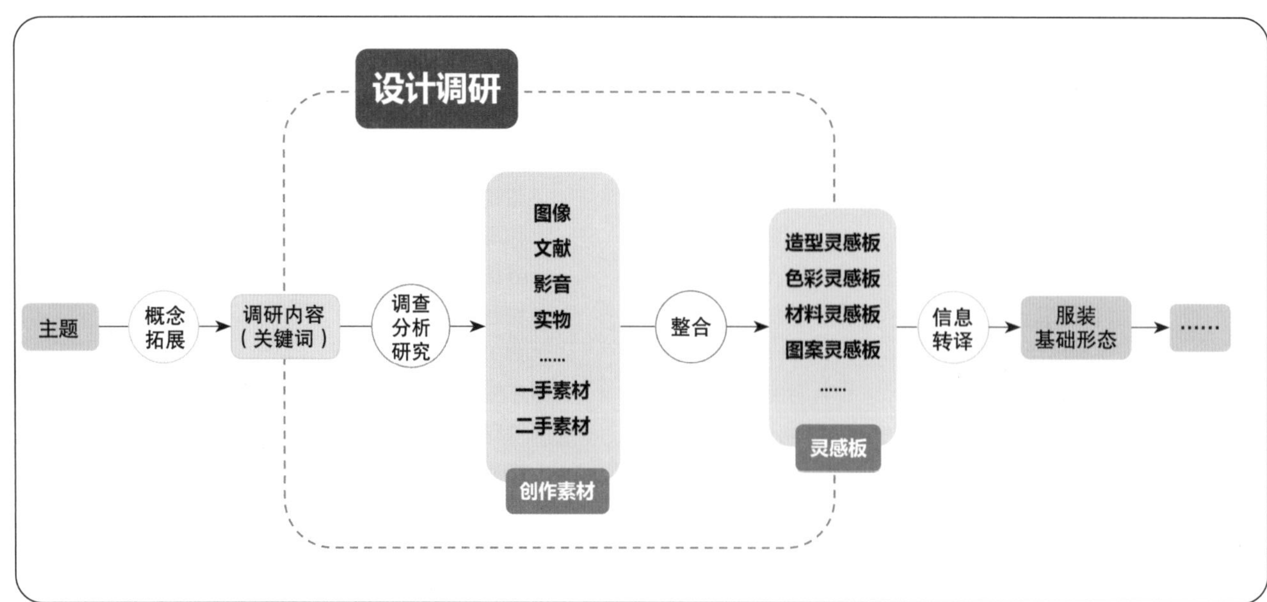

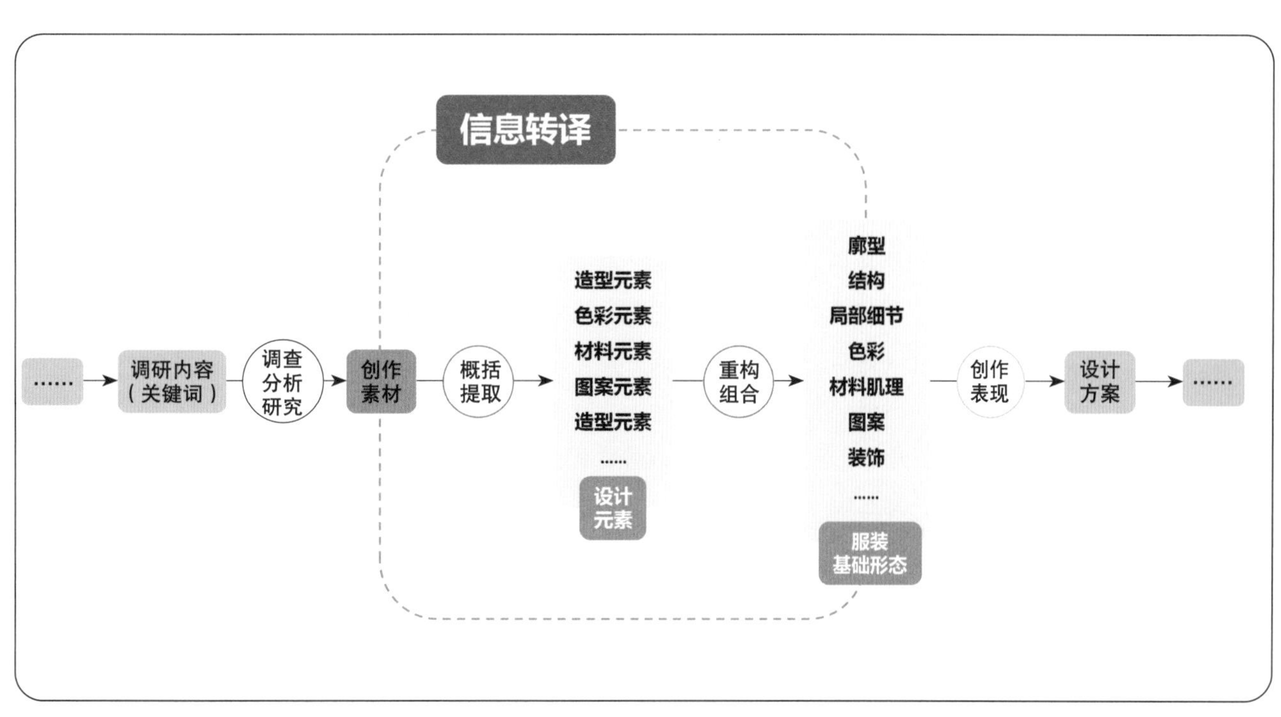

信息转译
......
调研内容（关键词）
调查分析研究
创作素材
概括提取
造型元素
色彩元素
材料元素
图案元素
造型元素
......
设计元素
重构组合
廓型
结构
局部细节
色彩
材料肌理
图案
装饰
......
服装基础形态
创作表现
设计方案
......

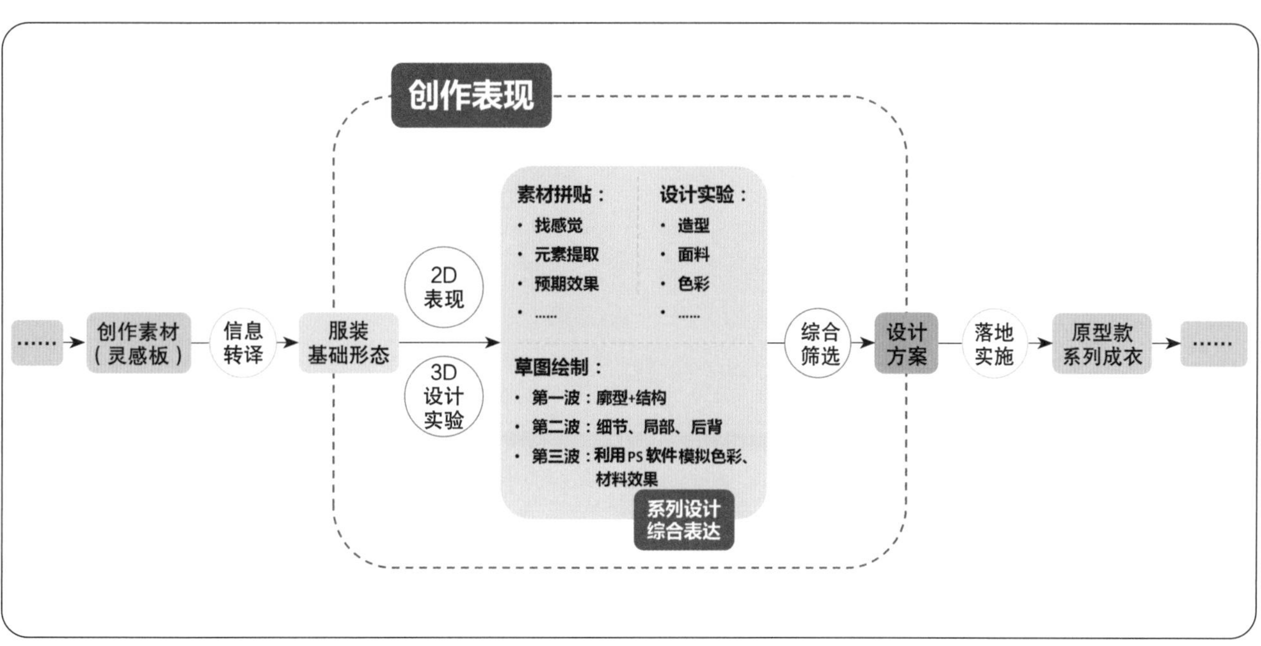

创作表现
......
创作素材（灵感板）
信息转译
服装基础形态
2D表现
3D设计实验
素材拼贴：
· 找感觉
· 元素提取
· 预期效果
· ......
设计实验：
· 造型
· 面料
· 色彩
· ......
草图绘制：
· 第一波：廓型+结构
· 第二波：细节、局部、后背
· 第三波：利用PS软件模拟色彩、材料效果
系列设计综合表达
综合筛选
设计方案
落地实施
原型款系列成衣
......

图例作者

本书图例除署名外，都来源于笔者指导的学生课程习作、毕业设计、参赛作品以及个人绘制。为了本书的实用耐看、形神兼备，王荟茹、刘志君、陈哲涵等同学在前期对本书内容的可视化做了不少尝试，代鹏同学在版式设计上帮助探索了多种可能性，张永爱、李薇圳、帅珂、马筱倩、李瑾、曹玉斌、杨艳莹、窦梦涵、游诗雅、康宋怡等同学为本书内容的充实提供了帮助，在此一并感谢他们的付出。

因为在编写过程中根据设计流程有选择性地进行了配图，所以没有在书中页面标注图例作者，统一在此列出图例作者姓名。由于篇幅有限，很遗憾无法将更多同学的优秀作品纳入书中，在此感谢各位同学的精彩习作和作品，见证了我们这些年来的共同成长和进步。全书图例作者如下：

2011 级：杜晓静、唐丽、邱晶琳、李森艳；

2012 级：王荟茹、李薇圳、刘志君、张永爱、马筱倩、帅珂；

2013 级：冯建明、杨艳莹、杨雨、窦梦涵、许素；

2014 级：陈哲涵、侯宇、陶淑洁、李佳倩、严坤、陈佩、葛思寒、王思思；

2015 级：常琦、周佳、汪自欢、赵芳、李宇婷、赵雪楠、齐晓彤、范敏、黄亚群、苏青、黄爽、符二洋、张彬、朱秋虹、叶金娥、陈琪然、陈婷婷、陈林、邓飞扬；

2016 级：温朗妮、李灿华、康宋怡、谭妍茗、谭美、刘媛媛、刘慧、肖双艳；

2017 级：吴栓、胡艺、李家乐、吴芷静、高雅婷、熊宜君；

2018 级：彭君、刘媛媛、梁依伊、唐苏珍、李逸菲。

后 记

设计过程中的很多时候难免让人感到无助、痛苦和难受，但好在设计过程并不枯燥，在沉浸以后，忧喜交加的体会更加令人着迷和难忘。尤其在看到阶段性成果，以及最终的方案和成品时，那种洋溢于身心的愉悦感妙不可言。本书的撰写过程亦如此。

设计和编写一本设计创作教程或者实践手册，以配合专业课程学习和使用的想法很早以前就有，这也是本书诞生的缘由。在设计教学中持续尝试着不同的教学方式，因为带有一定的实验性质，作为老师的我和学生在此过程中多有反复、纠结，甚至摩擦，但最终还是收获良多。

感谢湖南师范大学工程与设计学院提供了一个卓越的教育教学平台，感谢领导、同事们的激励和支持，同时感谢“湖南省学位与研究生教育教学改革研究项目”“湖南师范大学校级规划教材建设项目”的资助，正是如此才有了此书的顺利诞生。同时也要谢谢我教授过的所有同学，本书范例大都出自他们的课程习作、毕业设计和参赛作品。我在他们身上看到了教育的力量、学校的期望和行业的未来。

感谢母校北京服装学院和可敬可亲的老师传授给我的专业知识与技能。感谢罗莹老师，长沙的一次偶遇让我再次受益匪浅，同时感谢活跃在时尚教育、传媒和产业界的同学和学生，让我更顺畅地与时尚同步。

感谢朋友余昌晟把多年来在美国留学所得的经验和时装设计作品毫无保留地提供给我用于教学，设计师陈允信先生提供了全面而又深入的调研与设计方法，同时也感谢书中诸多被用于设计学习素材的作者们，因为这些作品、影像和文字，丰富了视野，拓展了思维，让设计变得更加美好。

感谢中国纺织出版社李春奕老师，在我编写过程中左右摇摆时为我指明方向，使得本书顺利出版。

感谢家人对我的包容和支持，是她们给了我前行的动力。

从某种形式上来说，本书是我的个人教学记录和总结，属一家之言，不当之处，还望各位同仁朋友不吝赐教。

2024 年 3 月于岳麓山下

内 容 提 要

本书强调将理论知识转化为设计实践，主要针对实践操作过程中的难点和重点进行解读，并配以丰富的实践操作案例。

本书以手册形式编排，设置了详细的实践操作引导和实践页面，结合时间维度推进设计，使用者在实操过程中可不必拘泥于此流程，按照个人创作习惯和具体任务进行实施即可。初学者使用本书进行服装设计学习，通过 2~3 遍的实践操作，将有助于形成个人的设计观和方法论。

全书图文并茂，内容针对性强，适合高等院校服装专业师生参考使用。

图书在版编目（CIP）数据

时装设计创作手册 / 罗仕红编著. --北京：中国纺织出版社有限公司，2024. 9

“十四五”普通高等教育本科部委级规划教材

ISBN 978-7-5229-0984-4

Ⅰ. ①时… Ⅱ. ①罗… Ⅲ. ①时装－服装设计－高等学校－教材 Ⅳ. ①TS941. 2

中国国家版本馆CIP数据核字（2024）第009728号

责任编辑：李春奕　　责任校对：高　涵　　责任印制：王艳丽

中国纺织出版社有限公司出版发行

地址：北京市朝阳区百子湾东里 A407 号楼　邮政编码：100124

销售电话：010—67004422　传真：010—87155801

http://www.c-textilep.com

中国纺织出版社天猫旗舰店

官方微博 http://weibo.com/2119887771

北京华联印刷有限公司印刷　各地新华书店经销

2024 年 9 月第 1 版第 1 次印刷

开本：889 × 1194　1/16　印张：10

字数：160 千字　定价：78.00 元
